EXPLORATION

SCIENTIFIQUE

DE LA TUNISIE,

PUBLIÉE

SOUS LES AUSPICES DU MINISTÈRE DE L'INSTRUCTION PUBLIQUE.

PALÉONTOLOGIE.

MOLLUSQUES FOSSILES.

EXPLORATION SCIENTIFIQUE DE LA TUNISIE.

DESCRIPTION

DES

MOLLUSQUES FOSSILES

DES

TERRAINS TERTIAIRES INFÉRIEURS

DE LA TUNISIE,

RECUEILLIS EN 1885 ET 1886

PAR M. PHILIPPE THOMAS,

MEMBRE DE LA MISSION DE L'EXPLORATION SCIENTIFIQUE DE LA TUNISIE.

PAR

ARNOULD LOCARD.

PARIS.

IMPRIMERIE NATIONALE.

M DCCC LXXXIX.

Sur la demande qui nous en a été faite par M. Alphonse Peron, notre savant collègue de la Société géologique de France, nous avons entrepris la description des mollusques fossiles recueillis dans les dépôts des terrains tertiaires inférieurs de la Tunisie par la Mission scientifique présidée par M. Cosson.

Ces fossiles ont été récoltés en 1885 et 1886 par les soins de M. Philippe Thomas, membre de la Mission de l'exploration scientifique de la Tunisie. La description stratigraphique des terrains qui les renferment devant être exposée dans un mémoire à part, notre rôle se bornera donc exclusivement à l'étude des mollusques fossiles des dépôts éocènes de la Tunisie, considérés au point de vue zoologique.

Mais avant d'entrer en matière, nous devons dire un mot de l'état de conservation des échantillons qui nous ont été communiqués. A part quelques rares formes conservant encore une partie de leur test plus ou moins nettement ornementé, le plus grand nombre des sujets étaient à l'état de simples moulages internes, dont les caractères spécifiques et même génériques étaient parfois des plus douteux. A notre grand regret, et pour éviter toutes sortes d'erreurs, nous avons dû écarter ces formes par trop suspectes, espérant que de nouvelles recherches permettront un jour de combler ces lacunes. Nous avons ainsi restreint nos études aux formes les moins mal conservées, tout en reconnaissant que celles-là même laissaient encore parfois de trop nombreux aléas dont nos descriptions devront nécessairement se ressentir.

Comme il était facile de le prévoir, la faune malacologique éocène de la Tunisie présente bien peu de rapports avec la faune des horizons géologiques similaires du nord de l'Europe, comme les dépôts d'Angleterre, de Belgique, du bassin de Paris, etc. Les rapprochements

Mollusques.   1 deviennent un peu plus nombreux avec la faune similaire du bassin méditerranéen des Pyrénées, du comté de Nice, de l'Italie et de l'Algérie.

Mais, à notre grande surprise, nous avons été conduit à constater, à bien des reprises, que notre faune tunisienne semblait présenter une analogie encore plus étroite avec les dépôts nummulitiques de l'Inde qu'avec ceux, pourtant beaucoup plus voisins, de la province de Constantine. Le nombre des espèces communes entre la Tunisie et l'Algérie, telle que nous l'a fait connaître Coquand, est notablement moins considérable qu'entre la Tunisie et les régions asiatiques de l'Inde si bien étudiées par d'Archiac et J. Haime.

De même qu'aujourd'hui les naturalistes considèrent la faune malacologique de la mer Rouge comme étant celle d'un grand golfe dépendant de la mer des Indes, de même à l'époque éocène devait-il exister une corrélation plus intime des dépôts de la Tunisie avec ceux de l'Inde qu'avec ceux du reste du nord de l'Afrique. C'est là un fait que nous croyons nouveau et que nous nous réservons d'approfondir dans une autre étude.

Quoi qu'il en soit, la malacologie éocène de la Tunisie telle que nous la présentons aujourd'hui, malgré ses nombreuses lacunes et ses imperfections, permet cependant de se rendre un compte suffisamment exact du facies général de cette faune. Espérons que de nouvelles recherches permettront bientôt de venir utilement compléter ces premières données.

Lyon, juin 1888.

DESCRIPTION

DES

MOLLUSQUES FOSSILES

DES

TERRAINS TERTIAIRES INFÉRIEURS

DE LA TUNISIE.

CEPHALOPODA.

NAUTILIDÆ.

Genre NAUTILUS.

Nautilus (Aristote) L. *Systema naturæ*, édit. 10, 1161 [1758].

Nautilus Labechei d'Archiac et J. Haime *Descr. anim. foss. Inde*, 338, t. 34, fig. 13 a et b [1853].

Moule intérieur partiellement recouvert d'un test mince, corrodé, cassant; galbe nautiliforme, de taille assez petite, un peu subglobuleux, renflé, ombiliqué, à dos arrondi; ombilic petit, étroit, assez profond; dernier tour bien arrondi à sa naissance, s'élargissant ensuite rapidement, de manière à devenir, un peu avant son extrémité, trois fois plus large, tout en conservant une hauteur progressive; ouverture semi-lunaire, assez haute; cloisons rapprochées, presque planes, très légèrement flexueuses dans le voisinage de l'ombilic; siphon ventral très petit, situé dans le bas des tours.

Dimensions. Diamètre total, 58 millimètres; largeur du dernier tour à sa naissance, 22 millimètres; à l'ouverture, 56 millimètres.

Obs. Nous croyons pouvoir rapporter avec quelque certitude au *Nautilus Labechei* de la chaîne d'Hala, dans l'Inde, plusieurs échantillons d'un *Nautilus* de la Tunisie, de taille très voisine, et également caractérisé par ce même galbe subglobuleux, avec le dos arrondi, les cloisons presque droites et un siphon central très petit.

A propos de ce dernier organe, nous constaterons cependant une très légère différence qu'il importe de signaler. Dans un fragment bien conservé où il est facile de le distinguer sur deux tours différents, nous remarquerons que tout en étant situé à la base des tours, il est cependant notablement moins inférieur que ne l'a figuré le dessinateur des belles planches de l'atlas des mollusques fossiles de l'Inde (fig. 13 *b*). Nous croyons, du reste, cette figure plus théorique qu'absolument exacte.

Djebel Stah (Kef Allou-Seïf); calcaire marneux de la base de l'Éocène.

GASTROPODA.

CONIDÆ.

Genre **CONUS.**

Conus (Klein) L. *Systema naturæ*, édit. 10, 712 [1758].

Conus Cossoni nov. sp., pl. VII, fig. 1.

Coquille de taille assez petite, d'un galbe turbiné, étroitement effilé dans le bas, assez élargi dans le haut, à spire médiocre non canaliculée; spire composée de neuf à dix tours, légèrement conique, égale au septième de la hauteur totale, à profil presque rectiligne dans son ensemble, devenant acuminée et assez élevée dès sa naissance vers le sommet; les premiers tours un peu confus, les suivants plus distincts, étroits, à croissance lente et régulière; profil supérieur méplan ou très légèrement creusé dans les tours extrêmes, bordé en dessus, au voisinage de la suture, d'un cordon étroit, peu saillant, un peu plus fort sur le bord externe que sur le bord interne; suture étroite, très peu profonde, mais néanmoins bien distincte; dernier tour égal aux six septièmes de la hauteur totale, à profil externe un peu arrondi dans le haut, depuis le cordon supérieur jusqu'au diamètre maximum de la coquille, puis bien rectiligne ou très légèrement concave jusqu'à la base; ouverture très étroite, très haute, à peine un peu plus large dans le bas que dans le haut; test mince, orné, dans la partie comprise entre les deux cordons qui bordent les tours sur la spire, de stries concentriques fines, un peu granuleuses, très rapprochées; sur le dernier tour, on distingue quelques stries longitudinales d'accroissement extrêmement fines, un peu flexueuses dans la partie supérieure; à la base du même tour quelques stries décurrentes assez accusées, assez irrégulièrement espacées, plus rapprochées à la base, et de plus en plus obliques dans cette partie du test.

Dimensions. Hauteur totale, 33 millim.; diamètre maximum, 18 millim.

Obs. Cette élégante espèce, que nous nous empressons de dédier au savant président de la Mission française de Tunisie, M. Cosson, de l'Institut, est des mieux caractérisées. Elle appartient aux véritables Cônes ayant pour prototype l'espèce vivante *Conus marmoreus* L. [1]. Notre espèce nouvelle se rattache au

---

[1] *Conus marmoreus* L. *Systema naturæ*, édit. 10, 712 [1758].

groupe qui renferme les *Conus diversiformis* Deshayes [1] et l'espèce que d'Archiac et J. Haime [2] ont rapportée, avec un point de doute il est vrai, au *Conus militaris* Sowerby [3]. Ces différentes formes de l'Éocène ont ensuite donné naissance à d'autres formes très nombreuses et très variées dans la faune miocène, et dont il ne reste plus aujourd'hui que trois représentants singulièrement dégénérés dans la faune actuellement vivante de la Méditerranée [4].

Rapproché de la var. *a* du *Conus diversiformis* de l'Éocène du bassin de Paris, avec laquelle il a quelque analogie, notre *Conus Cossoni* s'en distinguera : par sa taille plus petite; par son galbe plus conique, plus étranglé dans le bas; par le profil de son dernier tour plus arrondi dans le haut; par le dessus de ses tours plus méplan et bordé par deux cordons parallèles; par les stries décurrentes de la base du dernier tour plus accusées, etc.

Djebel Nasser-Allah; marnes grises au-dessus des calcaires gréseux à Nummulites.

VOLUTIDÆ.

Genre VOLUTA.

Voluta (Rumphius) L. *Systema naturæ*, édit. 10, 729 [1758].

Voluta jugosa J.-C. Sowerby, var. *b*. — *Voluta jugosa* J.-C. Sowerby *in Transact. geol. Soc. of London*, ser. 2, V, t. 26, fig. 25 [1850]. — *Voluta jugosa* var. *b* d'Archiac et J. Haime *Descr. anim. foss. Inde*, 323, t. 31, fig. 21 *a* [1853].

Moulage intérieur d'une coquille au galbe fusiforme un peu allongé, composée de six à sept tours convexes, bien étagés, assez élevés, à croissance rapide, séparés par une suture très accusée; sur chaque tour on distingue des côtes longitudinales assez épaisses, régulières, très régulièrement réparties, à profil anguleux, laissant entre elles des espaces intercostaux presque égaux à leur épaisseur, légèrement atténués dans le bas, devenant acuminés dans le haut vers la suture; à la base du dernier tour, on distingue de huit à dix cordons granuleux, plus étroits et plus rapprochés que les côtes, devenant de plus en plus obliques.

Dimensions. Hauteur, 35 millim.; diamètre maximum, 28 millim.

Obs. D'Archiac et J. Haime ont signalé dans les dépôts nummulitiques de la

---

[1] *Conus diversiformis* Deshayes *Description des coquilles fossiles des environs de Paris*, II, 747, t. 98, fig. 11 [1837]; *Description des animaux sans vertèbres du bassin de Paris*, III, 423 [1866].

[2] D'Archiac et J. Haime *Description des animaux fossiles de l'Inde*, 336, t. 24, fig. 5 [1853].

[3] *Conus militaris* J.-C. Sowerby *in Transact. Geol. Soc. of London*, ser. 2, V, t. 26, fig. 24 [1840].

[4] *Conus mediterraneus* Bruguière *Encyclopédie méthodique*, *Vers*, t. 330, fig. 4 [1789]. — *C. submediterraneus* Locard *Catalogue général des Mollusques vivants de France*, 99 et 537 [1886]. — *C. galloprovincialis* Locard *loc. cit.*, 100 et 538 [1886].

chaîne d'Hala, dans l'Inde, deux Volutes très voisines l'une de l'autre comme galbe et comme ornementation, les *Voluta jugosa* Sow., et *V. Edwardsi* d'Arch. Il existe en Tunisie deux formes qui nous paraissent se rapporter à ces deux espèces, malgré leur mauvais état de conservation.

Sous le nom de *Voluta jugosa* var. *b* d'Archiac et Haime ont distingué une coquille d'un galbe plus étroit que le type de la province de Cutch, et dont la spire est plus élancée. C'est évidemment la forme ancestrale du *Voluta mitræformis* [1] qui vit actuellement dans la mer des Indes. C'est à cette var. *b* ainsi définie que nous avons rattaché notre type africain, en attendant que l'on découvre des échantillons mieux conservés, permettant d'en étudier les caractères aperturaux si importants dans ce genre pour la spécification exacte des formes.

Djebel Nasser-Allah; grès supérieurs à Nummulites et à *Euspatangus*.

Voluta Edwardsi d'Archiac *Hist. des progrès de la géologie*, III, 298 [1850]; d'Archiac et J. Haime *Descript. anim. foss. Inde*, 563, t. 31, fig. 22 à 24 [1853].

Obs. Cette espèce est certainement très voisine de la précédente; néanmoins, comme l'ont fait observer d'Archiac et J. Haime, elle s'en distingue par ses côtes plus larges et partant moins nombreuses; ce caractère très précis s'observe également sur les moulages de la Tunisie, et quoique l'état de conservation des échantillons ne permette pas d'apprécier les caractères aperturaux et notamment le nombre et la disposition des plis columellaires, nous estimons qu'il convient de maintenir la distinction spécifique de ces deux types.

Sous le nom de *var. a*, les auteurs que nous venons de citer ont institué une variété dont le galbe est plus allongé que dans le type, avec le dernier tour plus étroit, moins ventru, portant des côtes plus épaisses. C'est plus particulièrement de cette variété qu'il convient de rapprocher la forme tunisienne.

Djebel Nasser-Allah; grès supérieurs à Nummulites et à *Euspatangus*.

FUSIDÆ.

Genre **THERSITEA**.

Thersitea H. Coquand *Géol. paléont. prov. Constantine*, 247 [1862].

Thersitea gracilis H. Coquand *Géol. paléont. prov. Constantine*, 667, t. 29, fig. 32 et 33 [1862].

Obs. Nous n'avons pas à revenir sur la description de cette singulière espèce, très suffisamment décrite et figurée par H. Coquand. Toutefois il nous semble que l'auteur a un peu exagéré les caractères aperturaux en faisant figurer dans le haut de l'ouverture une saillie columellaire extraordinairement développée. Dans les nombreux échantillons qui nous ont été communiqués, nous ne retrouvons pas ce caractère accusé d'une manière aussi prononcée; il est vrai de dire que leur état

---

[1] *Voluta mitræformis* Lamarck *Anim. sans vert.*, VII, 347 [1822], édit. Deshayes, X, 404 [1844].

de conservation laisse presque toujours à désirer, et que c'est précisément la partie correspondante à l'ouverture qui est en plus mauvais état. Mais comme le galbe si caractéristique de la spire reste absolument le même, nous ne doutons pas de notre identification spécifique, sauf à envisager la forme tunisienne comme simple variété du type algérien lorsque l'on aura pu se procurer des échantillons plus complets.

Très commun : Djebel Blidgi; calcaires plus ou moins siliceux. — Chebika; calcaires jaunâtres intercalés entre les marnes brunes phosphatées.

Thersitea Contejani H. Coquand. — *Fusus Contejani* H. Coquand *Géol. paléont. prov. Constantine*, 266, t. 29, fig. 28 et 29 [1862].

Obs. Étant admis le genre *Thersitea*, tel que H. Coquand l'a établi, nous estimons qu'il convient d'y faire entrer le *Fusus Contejani* du même auteur. En effet, ce genre particulier, fort voisin des véritables *Fusus*, renferme des coquilles caractérisées, non seulement par des formes aperturales avec les bords exceptionnellement développés, mais encore par le galbe de la spire. Celle-ci en effet est toujours plus ou moins courte, avec une croissance irrégulière; elle est assise sur un dernier tour relativement beaucoup plus gros, et portant dans le haut un fort bourrelet servant à délimiter le plan de la suture. — Ainsi envisagées, ces coquilles, quoi qu'en dise H. Coquand, perdent un peu de leur caractère régulièrement fusiforme. Or, dans le *Fusus Contejani*, nous retrouvons ce même galbe caractéristique des *Thersitea*, avec la spire courte, le dernier tour très grand, orné dans le haut d'un bourrelet très fort, tandis que le bas de la coquille n'est qu'à peine fusiforme; enfin le bord externe de l'ouverture, si la figuration en est exacte, se développe normalement, à la façon des véritables *Thersitea*. De même que chez les *Aporrhais* et les *Rostellaria* le développement ailiforme de l'ouverture est l'objet de grandes variations, de même aussi voit-on chez les *Thersitea* ce même bord plus ou moins développé. Le *Thersitea Contejani* sert de passage entre les *Fusus* réguliers et les véritables *Thersitea*, tout en conservant plus d'analogie avec les espèces appartenan à ce dernier genre.

Peu commun : Djebel Blidgi; calcaires plus ou moins siliceux.

Thersitea Coquandi nov. sp., pl. VII, fig. 2.

Moule intérieur d'une coquille turbinée, d'un galbe court, ventru; ombilic (dans le moule) étroit et allant jusqu'au sommet de la coquille; spire égale à environ la moitié de la hauteur totale de la coquille, composée d'au moins six tours étagés les uns au-dessus des autres, les premiers à croissance rapide et régulière, à profil légèrement convexe, séparés par une suture très accusée; dernier tour gros, proportionnellement plus développé que les tours précédents, délimité dans le haut par une partie plane assez large et horizontale au contact de la suture (à profil latéral méplan, avec une légère saillie dans le haut sous forme de bourrelet et arrondie vers la suture), atténué et arrondi dans le bas, terminé par une prolongation caudale faiblement allongée; ouverture étroitement ovalaire.

DIMENSIONS. Hauteur, 48 millimètres; diamètre, 25 millimètres.

OBS. Cette forme, que nous croyons nouvelle, ne nous est encore connue que par des moulages. Leur attribution générique est incontestable; nous en avons acquis la certitude en comparant ces échantillons avec des moulages du *Thersitea gracilis*. On remarquera que le *Thersitea Coquandi*, du moins à cet état, ne porte aucune trace de saillies variqueuses au voisinage de l'ouverture, ce qui nous conduit à la conclusion que nous avons déjà énoncée, à savoir qu'un tel caractère n'est pas absolument essentiel pour constituer et définir le genre *Thersitea*. Notre nouvelle espèce est voisine du *Thersitea Contejani* dont nous venons de parler; mais elle en diffère : par sa spire plus élevée, avec des tours plus hauts, plus distincts, mieux étagés; par son dernier tour moins renflé, avec un bourrelet supérieur plus accusé, plus saillant; par le galbe de ce même tour dont le profil est plus méplan dans le haut, et ensuite plus rapidement atténué à la base, etc.

La comparaison de ces différents moulages avec la forme figurée par d'Archiac et J. Haime sous le nom de *Phasianella (?) scalaroides* [1] nous conduit à croire que ces savants auteurs étaient dans le vrai lorsqu'ils ont écrit qu'ils n'avaient aucune certitude à l'égard du genre auquel ils rapportaient cette espèce. Le mode de croissance des tours de cet échantillon est également représenté par un moulage; leur emboîtement avec une forte saillie latérale, la disposition de la base du dernier tour, son enroulement, la forme même de l'ombilic, etc., nous portent à croire qu'il s'agit là non pas d'un *Phasianella*, mais bien d'un grand *Thersitea* à spire haute, participant un peu des caractères de notre *Thersitea Coquandi*, tout en appartenant bien certainement à une espèce différente.

Commun : Djebel Teldja; calcaires marneux au-dessous des niveaux phosphatés. — Oued El-Aachen.

Thersitea verrucosa NOV. SP., pl. VII, fig. 3.

Coquille de taille moyenne, d'un galbe turbiné, court, renflé; spire peu haute, composée de six tours, les premiers à croissance un peu rapide et régulière, bien étagés, à profil externe faiblement convexe, portant dans le haut un bourrelet un peu saillant, légèrement arrondi, séparés par une suture bien marquée; dernier tour bien développé, assez haut, un peu renflé dans son ensemble, assez allongé, à profil externe bien droit, muni d'un épais bourrelet un peu saillant et logé dans le haut, rapidement atténué dans le bas, terminé par un canal court, à direction rectiligne et dans le prolongement de l'axe de la coquille; sur le dernier tour, dans le haut et à sa naissance, il existe une forte saillie mamelonnée, tuberculeuse, arrondie à la base et au sommet, mais dirigée un

---

[1] *Phasianella (?) scalaroides* d'Archiac et J. Haime *Descript. animaux fossiles de l'Inde*, 293, t. 27, fig. 5 [1853].

peu obliquement, de manière à se rabattre légèrement du côté de l'ouverture; sur le même tour, à la partie supérieure et vers son extrémité, on distingue un ou deux mamelons également arrondis, plus petits, moins saillants, plus réguliers; ouverture étroite, ovalaire, oblique.

Dimensions. Hauteur, 40 à 45 millimètres; diamètre (indépendamment de la saillie des mamelons), 20 à 22 millimètres.

Obs. Cette singulière espèce vient en quelque sorte compléter la série des anomalies que l'on observe dans le développement du test des *Thersitea*. Sa spire n'est point surbaissée comme celle du *Thersitea ponderosa*, ni canaliforme comme celle du *Thersitea gracilis;* elle se rapproche au contraire de celle des *Thersitea Contejani* et *Th. Coquandi*. Mais ce qui caractérise plus particulièrement notre *Thersitea verrucosa*, c'est la présence de plusieurs tubercules saillants logés dans le haut du dernier tour, et au voisinage de l'ouverture, l'un à la naissance de ce tour, l'autre ou les autres à son extrémité. Malheureusement l'état de conservation des échantillons ne nous permet pas d'établir d'une façon exacte les caractères aperturaux qui doivent nécessairement présenter des particularités intéressantes. Le nombre de ces tubercules paraît assez variable; sur un individu, outre les deux saillies dont nous venons de parler, il en existe une beaucoup plus petite, située en arrière de la seconde, c'est-à-dire sur le côté du bord externe; les trois tubercules sont donc à peu près au même niveau, quoique très inéquidistants. Nous inscrirons cette forme sous le nom de var. *trivaricosa*.

Assez commun : Djebel Teldja; calcaires marneux au-dessous du niveau à phosphates.

TURBINELLIDÆ.

Genre TURBINELLA.

Turbinella Lamarck *Prodrome*, 73 [1799].

Turbinella prisca nov. sp., pl. VII, fig. 4.

Coquille de grande taille, d'un galbe pyriforme court et ventru; spire peu étagée, peu élevée, composée de six à sept tours à profil presque méplan et peu distincts, un peu mucronée au sommet; croissance d'abord régulière et assez rapide, devenant beaucoup plus brusque au dernier tour; suture linéaire peu distincte; dernier tour très gros, très ventru dans le haut, bien atténué dans le bas, constituant à lui seul environ les sept huitièmes de la coquille, à profil méplan dans le haut, presque rectiligne sur les côtés, ces deux parties reliées par une surface arrondie très courte; dans le haut de chaque tour, au voisinage de la suture, il existe un cordon étroit et peu saillant, accusé par quelques plissements du test, surtout au dernier tour, devenant un peu noduleux sur l'avant-dernier, et à peine distinct sur les précédents; à la base du dernier tour, on observe un cordon plus étroit, plus saillant, indiquant un changement de direction dans les plissements du test tout à fait à la base; test solide, épais, paraissant lisse ou presque lisse dans son ensemble, accusé simplement par des stries d'accroissement un peu flexueuses, se plissant davantage sur les cordons et au delà de leur limite, plus rapprochées et plus marquées au voisinage de l'ouverture; ouverture très haute, assez large; canal court et ouvert.

Dimensions. Hauteur, 77 millimètres; diamètre, 57 millimètres.

Obs. Parmi les espèces fossiles signalées jusqu'à ce jour, nous n'en connaissons point qui puisse être rapprochée de notre espèce fossile tunisienne; au contraire, le *Turbinella napus* [1] de la faune actuelle de la mer des Indes présente une réelle analogie avec notre forme éocène. Si nous comparons ces deux types, nous voyons que le *Turbinella prisca* est dans son ensemble moins globuleux, moins ventru dans le haut, moins étranglé dans le bas; son dernier tour a une croissance encore plus rapide et il est un peu plus méplan en dessus, et plus anguleux dans le haut; enfin dans l'espèce fossile, il existe un cordon basal que nous ne distinguons pas sur l'espèce vivante.

Djebel Nasser-Allah; marnes à *Ostrea strictiplicata* et à grands *Placuna*, au-dessous des grès à Nummulites.

MURICIDÆ.

Genre MUREX.

Murex (Pline) L. *Systema naturæ*, édit. 11, 746 [1758].

Murex Thomasi nov. sp., pl. VII, fig. 5.

Coquille de très petite taille, d'un galbe subfusiforme assez allongé; spire un peu haute, acuminée, composée de six à sept tours à profil convexe, à croissance régulière et assez rapide, bien étagés et séparés par une suture peu profonde mais bien marquée; dernier tour un peu plus grand que la moitié de la hauteur totale, un peu gros, bien renflé dans sa partie médiane, arrondi dans le haut, étranglé assez rapidement dans le bas; test orné : 1° de côtes longitudinales très légèrement flexueuses, arrondies, très étroites, très régulières, très nombreuses, laissant entre elles des espaces intercostaux plus étroits que leur épaisseur; 2° de cordons décurrents plus fins, plus étroits et encore plus rapprochés que les côtes, passant par-dessus et formant, à leur intersection, de petites nodosités rectangulaires plus larges que hautes; ouverture ovalaire; canal court, assez ouvert, légèrement oblique, un peu retroussé en arrière.

Dimensions. Hauteur, 12 millimètres; diamètre, 6 millimètres.

---

[1] *Turbinella napus* Lamarck *Animaux sans vertèbres*, VII. 104 [1823], édit. Deshayes, IX, 377 [1843].

Obs. Cette élégante petite espèce, que nous dédions à M. Thomas, l'un des géologues explorateurs faisant partie de la Mission de la Tunisie, appartient au groupe zoologique des *Murex scalaris* [1] et *M. cœlatus* [2] du Miocène et du Pliocène de l'Italie, très bien décrits et figurés dans l'ouvrage du professeur Luigi Bellardi [3]. Comme galbe, comme allure, notre *Murex Thomasi* semble un diminutif du *Murex scalaris;* mais ses côtes longitudinales sont beaucoup plus nombreuses et beaucoup plus rapprochées. Son mode d'ornementation rappelle assez exactement celui du *Nassa incrassata* [4] de la faune actuelle.

Djebel Nasser-Allah; marnes grises au-dessus des calcaires gréseux à Nummulites.

Murex Peroni nov. sp., pl. VII, fig. 6.

Coquille de très petite taille, d'un galbe subfusiforme court, un peu renflé; spire peu haute, assez acuminée dans le haut, composée de six à sept tours à profil bien arrondi, à croissance un peu lente mais régulière, bien étagés les uns au-dessus des autres, séparés par une suture peu profonde quoique bien accusée par le profil des tours; dernier tour médiocre, un peu plus grand que la moitié de la hauteur totale, à profil arrondi dans le haut, progressivement atténué dans le bas; test orné : 1° de côtes longitudinales droites ou à peine flexueuses au dernier tour, minces, étroites, à profil arrondi, au nombre de dix environ sur ce même tour, laissant entre elles des espaces intercostaux assez profonds, égaux à environ une fois et demie l'épaisseur des côtes; 2° d'un double régime de costulations décurrentes fines, étroites, très rapprochées, les unes assez régulières et subégales, les autres beaucoup plus petites, tantôt nulles surtout dans le haut du dernier tour, tantôt devenant égales aux précédentes, surtout dans la région caudale; toutes ces costulations passant par-dessus les côtes, de façon à les découper sous forme de bourrelets noduleux à nodosités transversales plus ou moins hautes; ouverture ovalaire, petite; canal court, un peu ouvert, légèrement oblique, faiblement recourbé en arrière.

Dimensions. Hauteur, 8 à 9 millim.; diamètre, 4 1/2 à 5 millim.

Obs. Cette espèce, certainement une des plus petites que nous connaissions dans le genre *Murex*, est voisine de la précédente. Elle s'en distingue : par sa taille plus petite; par sa spire moins haute, moins acuminée au sommet; par ses tours plus arrondis; par son dernier tour moins renflé dans le haut; par ses côtes longitudinales moins nombreuses, plus fortes et plus espacées; par ses costulations

---

[1] *Murex scalaris* Brocchi *Conch. foss. subapenn.*, 407 et 663, t. 9, fig. 1 [1814].

[2] *Fusus cœlatus* Grateloup *Atlas conch. foss. Adour*, t. 24, fig. 26 [1840].

[3] L. Bellardi *I Molluschi del Piemonte e della Liguria*, 1, 113 et 114, t. 7, fig. 15-17 [1872].

[4] *Buccinum incrassatum* Müller *Zool. Daniæ Prodromus*, 244 [1776]; A. Locard *Monogr. famille des Buccinidæ*, 48 [1887].

décurrentes moins régulières, donnant naissance, à leur intersection avec les côtes, à des nodulations plus fortes et plus irrégulières.

A côté du type, nous instituerons une variété *curta*, caractérisée par sa taille plus petite, par son galbe plus court, avec la spire moins haute et le dernier tour renflé.

Commun : Djebel Nasser-Allah; marnes grises au-dessus des calcaires gréseux à Nummulites.

Murex SP.

Moule intérieur d'une coquille turbinée de taille assez petite, d'un galbe un peu allongé; spire haute, composée de cinq à six tours environ, à croissance assez rapide, assez régulière; tours à profil convexe, séparés par une suture bien marquée; sur le dernier tour et sur l'avant-dernier (sans préjudice des tours précédents), on distingue des saillies nodu-leuses au nombre de dix à douze sur le dernier tour, un peu allongées dans le sens de la hauteur, droites ou très légèrement obliques, assez saillantes, régulières et régulièrement espacées; à la base du dernier tour il existe des cordons décurrents assez forts, réguliers, bien espacés, qui semblent passer par-dessus la base des nodosités.

Dimensions. Hauteur, 38 millimètres; diamètre, 23 millimètres.

Obs. Cette forme nous paraît trop importante pour être passée sous silence; mais nous sommes condamné, par suite du mauvais état de conservation de l'unique échantillon qui nous a été communiqué, à faire toutes nos réserves au sujet de sa détermination même générique. Elle peut en effet appartenir aux genres *Murex*, *Tritonium* ou même *Sulcobuccinum* [1] si tant est que ce genre doive être maintenu. Notre coquille semble pourtant présenter une certaine analogie avec le *Murex Tchihatchefi* [2] des dépôts nummulitiques de l'Inde. Elle en diffère pourtant par son dernier tour plus haut, plus développé, et par ses nodosités plus nom-breuses et plus rapprochées. C'est le seul gros *Murex* que nous connaissions dans les formations éocènes de Tunisie.

Djebel Stah (Kef Allou-Seïf); calcaires marneux de la base de l'Éocène.

CASSIDÆ.

Genre CASSIDARIA.

Cassidaria Lamarck *Extrait d'un cours* [1812].

Cassidaria SP. NOV.

Moulage interne d'une coquille de taille assez petite, d'un galbe tur-

---

[1] Genre *Sulcobuccinum* d'Orbigny [1850], aff. *Sulcobuccinum Michelini* H. Coquand *Géol. pa-léontol. prov. Constantine*, 268, t. 30, fig. 5 et 6 [1862].
[2] *Murex Tchihatchefi* d'Archiac et J. Haime *Descript. anim. foss. Inde*, 331, t. 29, fig. 23 [1853].

biné, globuleux, un peu court et ventru; spire peu haute, composée
de six tours environ, les premiers à profil convexe, les suivants plus ou
moins anguleux dans le haut, tous régulièrement étagés; suture linéaire;
dernier tour très grand, très renflé dans sa partie moyenne, un peu anguleux dans le haut, atténué dans le bas; test orné sur le dernier tour de
cinq cordons décurrents larges et aplatis, régulièrement espacés, le plus
haut correspondant à la partie anguleuse du tour, les autres laissant entre
eux des espaces un peu plus étroits que leur largeur, tous portant des
tubercules arrondis, assez saillants, équidistants, et découpant les cordons très régulièrement; au-dessous du cordon le plus inférieur, on distingue quelques stries décurrentes assez marquées; ouverture allongée,
ovalaire.

Dimensions. Hauteur, 27 millimètres; diamètre, 16 millimètres.

Obs. Cette intéressante forme ne nous est encore connue que par un seul échantillon malheureusement trop mal conservé pour que nous osions lui attribuer
une détermination spécifique définitive. On remarquera qu'elle présente une
réelle analogie avec le *Cassidaria echinophora* [1] de la faune actuelle, plus encore
qu'avec les autres *Cassidaria* fossiles de l'Éocène ou du Miocène qui nous sont
connus. Quoique sa taille soit beaucoup plus petite, d'après l'allure des cordons
et des tubercules, nous sommes certainement en face d'un individu bien adulte;
le mode d'ornementation est absolument le même, avec ses cinq cordons caractéristiques.

Djebel Nasser-Allah; grès supérieurs à Nummulites et à *Euspatangus*.

DOLIIDÆ.

Genre PIRULA.

Pyrula Lamarck *Prodrome* [1799]; *Syst. anim.*, 82 [1801].

Pirula antiqua nov. sp., pl. VII, fig. 7.

Coquille de taille assez petite, d'un galbe pyriforme un peu allongé,
imperforé, renflé dans le haut, très effilé dans le bas; spire peu haute,
composée de quatre à cinq tours un peu élevés, à croissance lente et régulière, à profil convexe, séparés par une suture peu profonde; dernier tour
très grand, égal à environ cinq fois la hauteur des autres tours réunis,
arrondi-ventru dans le haut, atténué dans le bas, terminé par un canal
basal long, assez étroit, un peu infléchi; ouverture ovalaire très allongée, légèrement arrondie dans le haut, très rétrécie dans le bas; bord
externe mince, tranchant, arqué; columelle simple, infléchie; test peu

[1] *Buccinum echinophorum* L. *Systema naturæ*, édit. 12, 1198 [1767] - *Cassidaria echinophora*
A. Locard *Prodr. malac. franç.*, 149 [1886].

épais, orné d'un double régime de cordons et de costulations; cordons
décurrents très nombreux, assez forts, assez saillants, très régulièrement
espacés, un peu plus rapprochés et plus obliques vers la base, recoupés
par des costulations longitudinales continues plus fines et beaucoup plus
rapprochées, un peu irrégulières, non flexueuses, recouvrant la totalité
du test.

DIMENSIONS. Hauteur, 3o millimètres; diamètre, 16 millimètres.

OBS. Le *Pirula* de la Tunisie nous paraît constituer une espèce nouvelle bien
définie que nous ne pouvons rapprocher d'aucune des autres formes fossiles déjà
connues; par son mode d'ornementation, elle rappelle davantage certaines formes
actuellement vivantes. Elle est particulièrement remarquable par sa taille assez
petite, et par son test fortement et très régulièrement découpé par le double
régime de cordons décurrents et de costulations longitudinales.

Sur un autre échantillon malheureusement incomplet et assez mal conservé,
nous remarquons que les cordons décurrents sont plus rapprochés, de telle sorte
que, par leur entrecroisement avec les costulations longitudinales, ils forment un
treillis à mailles plus serrées que dans le type. Nous désignerons cette variété sous
le nom de *var. reticulata.*

Djebel Nasser-Allah; grès supérieurs à Nummulites et à *Euspatangus.*

STROMBIDÆ.

GENRE ROSTELLARIA.

Voluta Lamarck *Prodrome*, 72 [1799].

Rostellaria aff. **macroptera** Lamarck *in Ann. mus.*, II, 220 [1804]; *Anim. sans vert.*,
     VII, 193 [1822]; Deshayes *Coq. foss. env. Paris*, II, 620, t. 83, fig. 1; t. 84, fig. 1
     [1824], et *Anim. sans vert. bass. Paris*, III, 450 [1866].

Moule interne de très grande taille, d'un galbe turriculé très allongé,
à croissance spirale d'abord lente et régulière avec un dernier tour gros,
très allongé à la base, subanguleux dans sa partie médiane, atténué à son
extrémité inférieure à peu près sous le même angle que la spire, terminé par une partie étroitement canaliculée, infléchie en avant et du
côté de l'ouverture; tours assez élevés, paraissant lisses, à profil exactement rectiligne, continus, séparés par une suture simplement linéaire.

DIMENSIONS. Hauteur, 120 millimètres; diamètre, 45 millimètres.

OBS. D'Archiac et J. Haime ont signalé dans les calcaires durs à Operculines
de la chaîne d'Hala, dans les Indes, de grands moules d'un *Rostellaria* qu'ils
déclarent être si voisin du moule du *Rostellaria columbaria* [1] du calcaire gros-

---

[1] *Rostellaria columbata* Lamarck *Anim. sans vert.*, VII, 193 [1832], édit. Deshayes, IX, 661
[1843]. — *Rostellaria columbaria* Deshayes *Descr. coq. foss. environs de Paris*, II, 621, t. 83,
fig. 5 et 6 [1837], et *Descr. anim. sans vert. bass. Paris*, III, 455 [1866].

sier du bassin de Paris «qu'il est permis, disent-ils, d'admettre provisoirement leur identité». Il existe en Égypte une forme analogue. En Tunisie, nous voyons également des moules d'un *Rostellaria* qui appartient certainement au même groupe, mais dont la taille serait encore plus grande. Quelques-uns de ces moules sont encore recouverts d'une partie de leur test. D'après leur taille, leur galbe et surtout leur mode d'enroulement, ils nous paraissent présenter encore plus d'affinités avec le *Rostellaria macroptera* du bassin de Paris qu'avec toute autre espèce égyptienne ou indoue. Mais il nous semble au moins prudent de n'admettre l'identification complète de la forme tunisienne avec celle du bassin de Paris, que sous bénéfice d'une comparaison établie avec de meilleurs échantillons.

Assez commun : Oued El-Aachen. — Djebel Stah (Kef Allou-Seïf); calcaire à Lumachelle. — Djebel Nasser-Allah; calcaires intermédiaires aux calcaires phosphatés et aux grès à Nummulites.

Rostellaria aff. **Deshayesi** H. Coquand *Géol. paléontol. prov. Constantine*, 268, t. 30, fig. 7, 8 [1862].

Moule intérieur d'une coquille turriculée ailiforme, d'un galbe très allongé; spire haute, composée de six à sept tours à croissance lente et régulière, à profil très légèrement convexe, un peu arrondis dans le haut et dans le bas, séparés par une suture bien accusée, assez profonde; dernier tour arrondi dans la partie inférieure, puis atténué et prolongé sous forme d'un canal étroit, recourbé en avant et du côté de l'ouverture; ouverture ovalaire allongée.

DIMENSIONS. Hauteur, 27 millimètres; diamètre, 20 millimètres.

OBS. Nous rapportons, avec un fort point de doute, au *Rostellaria Deshayesi* de Coquand, des moules intérieurs d'une forme au moins très voisine, peut-être différente, mais appartenant certainement au même groupe. Ces moules n'ont conservé aucune trace de l'ornementation caractéristique que devait avoir la coquille; leur galbe, leur allure sont bien ceux de l'espèce d'Algérie, mais d'après la figuration donnée par Coquand, le canal basal est droit, sans aucune inflexion, tandis que dans la forme tunisienne, ce canal est courbé à la façon de celui de l'espèce précédente.

Oued El-Aachen.

Rostellaria SP.

Fragment de moulage interne d'une coquille de très grande taille, dont le dernier tour mesure à la naissance de l'aile au moins 75 millimètres de hauteur, sans compter l'expansion basale, et 55 de diamètre; dans cette forme, l'avant-dernier tour indique, par son mode de développement, l'existence d'une spire moins effilée et moins grêle que celle du *Rostellaria macroptera;* en outre, l'expansion ailiforme serait notablement plus élargie et plus développée dans le bas.

OBS. Cette forme, très probablement nouvelle, est malheureusement trop incomplètement représentée dans les échantillons qui nous ont été communiqués, pour que nous puissions utilement la décrire et la spécifier ; néanmoins, elle paraît bien différente de toutes les espèces de *Rostellaria* qui nous sont connues.

Aïn-Cherichira ; calcaire gréseux à Échinides et à Nummulites.

APORRHAIDÆ.

Genre APORRHAIS.

Aporrhais (Aristote) Dillwyn *in Phil. Transact.*, II, 294 [1823].

Aporrhais decoratus nov. sp., pl. VII, fig. 8.

Coquille de taille moyenne, d'un galbe turriculé, ailiforme, assez court, un peu renflé à la base, acuminé au sommet ; spire composée d'au moins sept à huit tours à croissance assez rapide, à profil anguleux, séparés par une suture peu profonde ; angulosité carénale des tours située au tiers inférieur de chaque tour ; ornementation constituée : 1° par des cordons décurrents assez fins, rapprochés, subégaux, peu saillants, régulièrement répartis en dessus et en dessous de la carène ; 2° par un régime de nodosités allongées, obliques, subégales, assez rapprochées sur les premiers tours, plus espacées sur le dernier, s'étendant un peu au-dessus et surtout au-dessous de la carène, avec le maximum de saillie dans l'axe même de la carène ; dernier tour anguleux à la base, avec deux autres cordons de nodosités plus petites et plus rapprochées, séparés entre eux par de fins cordons décurrents analogues à ceux qui ornent les tours précédents ; ouverture étroite allongée ; bord columellaire très calleux, formant dans le haut, par son développement, une première digitation s'élevant à partir de la carène de l'avant-dernier tour avec un angle de 45 degrés.

DIMENSIONS. Hauteur, 26 millimètres ; diamètre, 12 millimètres.

OBS. Cette espèce, que nous avons comparée avec un bon nombre d'autres espèces fossiles du même genre, nous semble avoir plus d'analogie avec l'*Aporrhais pelecanopus* [1] de la faune actuelle qu'avec n'importe quel autre *Aporrhais* de l'Éocène. Les échantillons qui nous ont été communiqués sont malheureusement trop incomplets pour que l'on puisse se rendre compte du mode de répartition des digitations ornementales si caractéristiques chez les espèces de ce genre. Un seul sujet nous a donné quelques indications que nous avons relevées dans notre diagnose, et qui nous permettent de conclure à l'existence d'expansions analogues à celles de l'*A. pelecanopus*.

Dans certaines couches, on retrouve cette même espèce à l'état de moulages

---

[1] *Strombus pes-pelecani* L. *Systema naturæ*, éd. 12, 395 [1767]. - *Aporrhais pelecanopus* Locard *Prodr. malac. franç.*, 191 [1886].

internes. Malgré leur assez mauvais état de conservation, ces moules sont encore reconnaissables au moins à leur ornementation du dernier tour et de l'avant-dernier tour, dont on reconnaît la carène anguleuse avec une décoration caractéristique.

Commun : Djebel Teldja; calcaires marneux au-dessous du niveau dès phosphorites. — Oued El-Aachen.

Aporrhais chiastus nov. sp., pl. VII, fig. 9.

Coquille de taille un peu petite, d'un galbe turriculé ailiforme, court, renflé à la base, un peu acuminé au sommet; spire composée d'au moins six à sept tours à croissance rapide, à profil anguleux, séparés par une suture assez accusée; angulosité carénale située presque au-dessus de la suture, formée par un mince cordon arrondi, un peu noduleux, se détachant nettement du reste du test; au-dessus et au-dessous de ce cordon carénal et jusqu'à la suture, les tours ont un profil nettement rectiligne, avec une direction très oblique et inverse; dans ces deux parties, et surtout dans la partie supérieure, ils sont ornés de stries décurrentes très fines, subégales, peu profondes, très rapprochées, qui découpent également le test; dernier tour anguleux, portant un peu au-dessous du cordon carénal un second cordon analogue, assez rapproché, un peu moins saillant, suivi d'un troisième cordon plus distant et encore moins accusé; entre ces trois cordons de la base, on distingue sur le test de fines stries décurrentes; ouverture étroite, ovalaire.

DIMENSIONS. Hauteur, 22 millimètres; diamètre, 12 millimètres.

OBS. Comme allure, cette espèce est assez voisine de la précédente, quoiqu'elle soit d'un galbe encore plus court et plus trapu; mais elle s'en distingue très facilement par son mode d'ornementation absolument différent. Nous ne connaissons pas d'autre forme fossile qui en soit plus voisine.

Peu commun : Djebel Teldja; calcaire inférieur aux marnes phosphatées. — Oued El-Aachen.

CERITHIDÆ.

GENRE CERITHIUM.

Cerithium Adanson *Moll. Sénégal,* 153 [1757].

Cerithium Tunetanum nov. sp., pl. VII, fig. 10.

Coquille de taille moyenne, d'un galbe turriculé un peu court, assez renflé à la base, acuminé au sommet; spire composée de huit tours environ, à profil convexe dans leur ensemble, bien étagés les uns au-dessus des autres, à croissance assez rapide mais régulière, nettement séparés par une suture profonde et bien accusée; sur chaque tour il

IMPRIMERIE NATIONALE.

existe un double régime ornemental composé de côtes longitudinales variqueuses et de cordons décurrents; côtes au nombre de huit à dix sur l'avant-dernier tour, à profil arrondi, assez fortes, rapprochées, équidistantes, non continues en longueur au delà de la suture, plus saillantes en haut de chaque tour qu'en bas, laissant entre elles des espaces intercostaux très étroits, arrondis; cordons continus, minces, saillants, un peu inégaux, au nombre de trois à quatre sur chaque tour, subéquidistants, passant par-dessus les côtes et faisant à leur rencontre une saillie très accusée; dernier tour arrondi, avec deux ou trois cordons décurrents à la base, et des côtes variqueuses ne dépassant pas le troisième ou le quatrième cordon; ouverture petite, un peu arrondie; canal court, étroit.

DIMENSIONS. Hauteur, 30 millimètres; diamètre, 15 millimètres.

OBS. Cette belle espèce, une des plus caractéristiques de la faune éocène de la Tunisie, se distingue toujours très nettement par son galbe un peu court et trapu, et par son ornementation bien dessinée. Sa forme se rapproche un peu de celle des *Cerithium lineolatum* [1] et *C. biseriale* [2] du bassin de Paris, tandis que son ornementation rappelle celle des différentes variétés du *C. pseudocorrugatum* de d'Orbigny, figurées dans l'atlas des fossiles de l'Inde [3].

L'espèce que nous venons de décrire est du reste assez polymorphe, car l'étude d'un grand nombre d'individus nous conduit à signaler les variétés *major, minor* et *ventricosa* qui se définissent suffisamment d'elles-mêmes.

Commun : Foum El-Teldja; base du niveau à phosphorites.

Cerithium sp.

OBS. Avec la forme précédente, on trouve dans les mêmes niveaux une autre espèce certainement différente, quoique voisine au point de vue de l'ornementation. Mais les échantillons qui nous ont été communiqués sont en trop mauvais état de conservation pour que nous puissions utilement les décrire. En attendant qu'on en récolte de meilleurs, bornons-nous à dire que cette forme nouvelle diffère du *Cerihium Tunetanum* par un galbe beaucoup plus effilé, bien moins renflé dans le bas, avec des tours moins convexes, séparés par une suture moins profonde, etc.

Cerithium rediviosum NOV. SP., pl. VII, fig. 11.

Coquille de petite taille, d'un galbe turriculé-allongé, médiocrement renflé à la base, bien acuminé au sommet; spire composée de huit à dix tours environ, à profil méplan, bien étagés en gradins les uns au-dessus des autres, séparés par une suture nettement accusée, constituée par

[1] *Cerithium lineolatum* Sowerby *in Transact. Linn. Soc.*, t. 31, fig. 11 [1831].

[2] *Cerithium biseriale* Deshayes *Descr. anim. foss. bassin Paris*, II, n° 51, t. 52, fig. 6, 7 [1837].

[3] *Cerithium pseudocorrugatum* d'Orbigny *Prodr. paléont.*, III, 83 [1852]; d'Archiac et J. Haime *Descript. anim. foss. Inde*, 399, t. 28, fig. 5 à 8 [1853].

une partie méplane formant une sorte de redent dans le haut de chaque tour; ornementation constituée par un double régime de costulations longitudinales et de cordons décurrents; costulations étroites, très allongées, interrompues sur chaque tour, subégales, parfois légèrement infléchies, laissant entre elles des espaces intercostaux un peu plus larges que leur épaisseur et à fond arrondi, devenant un peu plus saillantes mais non mamelonnées dans le haut de chaque tour, et faisant une légère saillie au-dessus du redent de la suture; cordons décurrents continus, minces, passant par-dessus les costulations, mais paraissant plus accusés dans le fond des espaces intercostaux, au nombre de trois ou quatre sur chaque tour; dernier tour à profil latéral, également méplan, un peu anguleux à la base, orné dans cette région de quelques cordons granuleux peu saillants; ouverture petite, arrondie.

DIMENSIONS. Hauteur, 10 à 12 millimètres; diamètre, 3 à 3 1/2 millimètres.

OBS. Cette jolie petite espèce est complètement distincte des deux formes précédentes; on la reconnaîtra toujours : à sa taille beaucoup plus petite, à son galbe plus effilé, à son mode d'ornementation tout différent. Nous ne connaissons dans la faune éocène aucune forme qui puisse lui être comparée.

Commun : Foum El-Teldja; base du niveau à phosphorites.

Cerithium Teldjatieum NOV. SP., pl. VII, fig. 12.

Coquille de taille assez forte, d'un galbe turriculé très allongé, un peu renflé dans le bas, très acuminé dans le haut; spire élancée, constituée par au moins une dizaine de tours à croissance très lente et bien régulière, légèrement étagés les uns au-dessus des autres, à profil latéral bien méplan, séparés par une suture peu profonde, constituée par un léger redent situé à la partie supérieure de chaque tour; ornementation composée de trois ou quatre cordons décurrents sur chaque tour, formés de granulations régulières, arrondies, subégales, équidistantes, le cordon supérieur un peu plus gros et un peu plus accusé que les autres; dernier tour à peine plus grand que les tours précédents, un peu anguleux à la base.

DIMENSIONS. Hauteur, 30 à 35 millimètres (?); diamètre, 8 millimètres.

OBS. Cette espèce, qui est bien certainement nouvelle, appartient au groupe des *Cerithium tricinctum* Brocchi [1] et *C. funiculatum* Sowerby [2]. Quoique nous n'en connaissions encore que des échantillons incomplets, ils sont cependant assez bien caractérisés pour nous autoriser à établir l'espèce. Comparé au *C. funiculatum*,

[1] *Murex tricinctus* Brocchi Conch. subapennin., 446, t. 9, fig. 23 [1818].
[2] *Cerithium funiculatum* Sowerby Min. conch., II, 107, t. 147, fig. 1, 2 [1876]; Nyst Coq. tert. Belgique, 539, t. 42, fig. 8 [1843].

le *C. Teldjaticum* se distinguera : à ses tours plus étagés les uns au-dessus des autres, séparés par une surface méplane plus accusée au voisinage de la suture; à ses granulations plus fortes, plus régulières, en quelque sorte intermédiaires entre celles de ce type et celles du *C. tricinctum*, etc.

Nous retrouvons également dans le *C. rude* Sowerby [1], dont d'Archiac et J. Haime ont figuré plusieurs variétés dans l'atlas des mollusques nummulitiques de l'Inde, une ornementation similaire à celle de notre *C. Teldjaticum*. Mais dans notre espèce, la taille de la coquille est plus petite, ses tours sont plus aplatis, et il existe un plus petit nombre de cordons avec des granulations.

Rare : Foum El-Teldja; base du niveau à phosphorites.

Cerithium Rollandi nov. sp., pl. VII, fig. 13.

Coquille de taille moyenne, d'un galbe turriculé très effilé, peu renflé à la base, très acuminé au sommet; spire haute, très élancée, composée d'une dizaine de tours à croissance très régulière, à profil presque rectiligne ou à peine convexe, séparés par une suture peu profonde, accusée surtout par la saillie du cordon basal de chaque tour; dernier tour proportionnellement à peine plus développé que les tours précédents, légèrement arrondi dans le bas; ornementation constituée par un double régime de costulations longitudinales et de cordons décurrents; costulations longitudinales au nombre de douze à quatorze sur le dernier tour, droites ou très légèrement obliques, assez étroites, un peu arrondies, continues sur toute la hauteur des tours, mais un peu plus fortes en bas qu'en haut, laissant entre elles des espaces intercostaux un peu plus larges que leur épaisseur, arrondis légèrement dans le fond; cordons décurrents au nombre de quatre environ sur l'avant-dernier tour, minces, étroits, granuleux dans le haut et bien rapprochés, plus espacés dans le bas, formant à leur rencontre avec les côtes longitudinales des saillies mamelonnées; entre ces cordons, il en existe d'autres beaucoup plus petits et en nombre très irrégulier; sur la base du dernier tour plusieurs cordons granuleux avec les granulations très rapprochées; ouverture petite, arrondie.

Dimensions. Hauteur, 17 millimètres; diamètre, 6 millimètres.

Obs. Nous dédions cette espèce à M. Rolland, ingénieur des mines, un des savants explorateurs de la Tunisie; elle ne peut être rapprochée comme galbe et comme ornementation d'aucune des espèces précédentes; en effet, des *Cerithium* dont nous venons de parler, aucun ne présente des tours aussi peu nettement étagés, avec une suture aussi peu profondément accusée que le *C. Rollandi*. S'il faut le comparer avec une espèce déjà connue, nous le rapprocherons du *C. lamellosum*

---

[1] *Cerithium rude* Sowerby *in Transact. Geol. Soc. of London*, ser. 2, V, t. 26, fig. 10 [1840]; d'Archiac et J. Haime *Descr. anim. foss. Inde*, 299, t. 28, fig. 9 à 12 [1853].

du bassin de Paris [1]. Mais il en diffère : par sa taille plus petite au moins de moitié; par ses tours beaucoup moins convexes, par ses côtes longitudinales plus droites et plus fortes, etc.

Djebel Nasser-Allah; marnes grises au-dessus des calcaires gréseux à Nummulites.

Genre **CERITHIOPSIS**.

Cerithiopsis Forbes et Hanley *Hist. Brit. Moll.*, III, 364 [1853].

Cerithiopsis priscus nov. sp., pl. VII, fig. 14.

Coquille de taille assez petite, d'un galbe turbiné, cylindroïde, très allongé; spire très haute, très élancée, composée d'une dizaine de tours environ, à profil convexe, à croissance très rapide et très régulière; dernier tour à peine plus grand que les précédents; suture bien accusée, linéaire; ornementation composée d'un double régime de costulations longitudinales et de cordons décurrents; costulations au nombre de douze environ comptées sur le dernier tour, un peu flexueuses, à profil arrondi, presque aussi fortes en haut qu'en bas de chaque tour, laissant entre elles des espaces intercostaux un peu creusés et arrondis dans le fond, sensiblement plus grands que leur épaisseur; cordons décurrents au nombre de six à huit par tour, étroits, continus, passant par-dessus les côtes, assez régulièrement espacés; ouverture petite, arrondie.

DIMENSIONS. Hauteur, 12 millimètres; diamètre, 3 1/2 millimètres.

OBS. Le genre *Cerithiopsis*, tel qu'il a été établi par Forbes et Hanley, comprend des coquilles dont le dernier tour est proportionnellement un peu plus petit que l'avant-dernier, et dont le test ne porte point de varices comme les véritables *Cerithium*. Ces caractères, il faut l'avouer, ne sont pas toujours faciles à observer, surtout chez les petites espèces, et il arrive fréquemment que de petits *Cerithium* ne possèdent point de varices. Il s'ensuit donc que les limites entre les *Cerithium* et les *Cerithiopsis* sont parfois assez difficiles à établir. Notre espèce est un peu dans ce cas. Bien qu'elle ait le galbe et les allures d'un véritable *Cerithiopsis*, nous constatons cependant vers l'ouverture une sorte de développement variqueux du bord externe qui ne devrait pas figurer chez un *Cerithiopsis* normal; aussi nous gardons quelques doutes sur son attribution générique.

Djebel Nasser-Allah; marnes grises au-dessus des calcaires à Nummulites.

---

[1] *Cerithium lamellosum* Bruguière *Dictionnaire*, n° 22; Deshayes *Descript. coq. foss. envir. Paris*, II, 370, t. 44, fig. 8, 9 [1837], et *Anim. sans vertèbres bassin de Paris*, III, 159 [1860].

TURRITELLIDÆ.

Genre TURRITELLA.

Turritella Lamarck *Prodrome*, 74 [1799]; *Syst. anim. sans vert.*, 89 [1801].

Turritella Delettrei Coquand *Géol. paléontol. prov. Constantine*, 266, t. 3o, fig. 1-2 [1862].

Obs. Cette grande et belle espèce, très bien figurée par Coquand, est représen-tée en Tunisie par des moulages généralement assez mal conservés; quelques échantillons cependant nous permettent d'affirmer l'identification spécifique de ces formes, non seulement au point de vue du galbe, mais même encore à celui de l'ornementation.

A la base de chaque tour, il existe un fort bourrelet saillant et bien arrondi en dessous, se reliant au-dessus avec le reste du tour par un profil un peu concave; mais, en outre, à la partie supérieure des tours se trouve un mince cordon sail-lant, séparé du bourrelet du tour précédent par la ligne suturale qui est assez accusée. Cette disposition ornementale ne ressort peut-être pas très nettement dans la figuration de l'atlas de Coquand; elle est pourtant très caractéristique, puisque c'est d'elle que dépend la forme exacte des tours.

Chez quelques individus, outre le cordon supérieur dont nous venons de par-ler, il existe parfois un second et même un troisième cordon plus petit, au besoin presque obsolète et assez rapproché du précédent. Nous désignerons cette forme qui nous paraît nouvelle sous le nom de *var. decussata*. On la trouve avec le type.

Très commun : Foum El-Teldja; niveaux à phosphorites, calcaire de la base de l'Éocène.

Turritella palætera nov. sp., pl. VII, fig. 15.

Coquille de taille moyenne, d'un galbe un peu allongé, assez renflé dans le bas, bien acuminé au sommet; spire assez haute, composée d'une douzaine de tours environ à croissance lente et régulière, à profil presque rectiligne, séparés par une suture linéaire; dans le bas de chaque tour, il existe un bourrelet mince, arrondi, peu saillant; sur le reste des tours, on distingue quatre à cinq cordons décurrents, très fins, très déliés, réguliers et régulièrement espacés; tours supérieurs à profil légèrement convexe; dernier tour arrondi, délimité à sa base par un bourrelet assez fort au-dessous duquel s'étendent des cordons plus saillants et assez rap-prochés; ouverture inconnue.

Dimensions. Hauteur, 45 à 5o millim.; diamètre, 14 à 15 millim.

Obs. Le *T. palætera* est voisin du *T. Delettrei*, mais il en diffère : par sa taille plus petite; par son galbe notablement plus effilé; par la croissance un peu plus rapide dans les tours de la spire; par son profil moins découpé avec un bourrelet basal beaucoup moins saillant et non pas supérieur; par la présence sur chaque tour de cordons décurrents, régulièrement répartis, au nombre de quatre ou cinq, sur toute la hauteur des tours, etc.

Outre le type, tel que nous venons de le décrire, il existe une variété *major* dont la taille se rapprocherait de celle du *T. Delettrei*, mais dont le galbe est notablement plus effilé; nous n'en connaissons encore que des fragments, mais il est facile de reconstituer avec eux le profil exact de la spire. Même dans cette variété, le bourrelet supérieur est toujours beaucoup plus mince que chez le *T. Delettrei*; le profil des tours moyens est presque exactement rectiligne. Nous avons également observé des moulages internes de cette même variété; quoique dans ces derniers échantillons le profil des tours soit nécessairement plus arrondi, surtout dans le haut, ils conservent toujours la trace du bourrelet basal. Il est donc, comme on le voit, bien facile de distinguer ces deux espèces, même à l'état de simples moulages.

Assez commun : Djebel Nasser-Allah; marnes et grès nummulitiques. — Aïn-Cherichira; calcaire gréseux ferrugineux à Échinides et à Nummulites.

Turritella Bourguignati nov. sp., pl. VII, fig. 16.

Coquille de taille moyenne, d'un galbe un peu court, renflé à la base, assez acuminé au sommet; spire assez haute, composée de dix à douze tours, à croissance rapide, à profil convexe, un peu arrondis dans le bas, séparés par une suture profonde, bien marquée; sur chaque tour de huit à douze cordons décurrents, minces, assez saillants, d'inégale force, irrégulièrement répartis, les supérieurs plus fins et plus rapprochés; ceux de la base, et particulièrement le troisième avant-dernier, plus forts et plus saillants; dernier tour un peu renflé, arrondi, orné en dessous de cordons assez forts et bien rapprochés; ouverture inconnue.

Dimensions. Hauteur, 40 à 45 millim.; diamètre, 16 à 17 millim.

Obs. Cette espèce, que nous sommes heureux de dédier à notre savant ami M. J.-R. Bourguignat, l'un des auteurs de la Malacologie terrestre et fluviatile de la Tunisie, est certainement voisine, quoique pourtant différente, du *T. intermedia* [1] de l'Éocène du bassin de Paris. Elle s'en rapproche et par son galbe et par son ornementation; mais elle s'en distingue : par ses tours moins convexes dans leur ensemble, avec un profil plus méplan dans le haut, et partant moins régulièrement arrondi; par ses cordons décurrents plus saillants, plus réguliers; par la présence d'un cordon sub-basal toujours plus accusé, etc.

Comme chez le *T. intermedia*, le nombre et la disposition des cordons du *T. Bourguignati* sont assez variables; il est même parfois assez difficile de les compter avec quelque certitude, surtout dans le haut des tours où ils sont plus petits, plus rapprochés et plus confus. Nous indiquerons une variété *subdecussata* dans laquelle ces cordons sont un peu moins nombreux, tout en conservant la même allure.

---

[1] *Turritella intermedia* Deshayes *Descr. coq. foss. env. Paris*, II, 282, t. 40, fig. 22 à 24 [1837].

Assez commun : Aïn-Cherichira; calcaire gréseux ferrugineux à Échinides et à Nummulites.

Turritella obruta nov. sp., pl. VII, fig. 17.

Coquille de taille assez petite, d'un galbe court, très renflé à la base, acuminé au sommet; spire courte, composée de huit à dix tours à croissance régulière, un peu lente, à profil bien convexe, séparés par une suture nettement accusée; sur chaque tour, trois à cinq cordons décurrents un peu forts, assez saillants, réguliers, sensiblement équidistants; dernier tour gros, arrondi, avec des cordons plus forts et plus nombreux à la base; ouverture inconnue.

Dimensions. Hauteur, 25 millimètres; diamètre, 13 millimètres.

Obs. Cette espèce est certainement la plus courte et la plus trapue de toutes celles que nous avons observées dans la faune tunisienne. On peut la rapprocher de l'espèce précédente, mais elle s'en distinguera toujours : par son galbe proportionnellement plus court, plus renflé à la base; par son mode d'accroissement; par ses tours à profil plus arrondi; par son ornementation plus simple et bien plus régulière, etc.

Ce mode d'ornementation paraît présenter quelques variations basées sur le nombre des cordons décurrents; dans les tours supérieurs, un tour ou deux après les tours embryonnaires, on ne distingue en réalité que deux ou trois cordons bien régulièrement espacés, tandis que sur l'avant-dernier tour on peut compter jusqu'à cinq cordons, dont trois au moins sont notablement plus marqués que les autres.

Enfin, suivant les stations, la taille peut varier. Nous indiquerons une variété *major* qui atteint près de 40 millimètres de hauteur, pour un diamètre de 19 millimètres. Son ornementation ne paraît pas différer essentiellement du type.

Très commun : Djebel Nasser-Allah, marnes et grès nummulitiques. — Type et var. *major :* Aïn-Cherichira, calcaire gréseux ferrugineux à Échinides et à Nummulites.

Turritella ellecta nov. sp., pl. VII, fig. 18.

Coquille de petite taille, d'un galbe mince, effilé, peu renflé à la base, bien acuminé au sommet; spire allongée, à croissance assez rapide et bien régulière, composée de dix à douze tours, profondément découpés dans la région suturale, séparés par une suture linéaire; tours à profil faiblement arrondi dans le bas, puis presque méplans ou très légèrement convexes sur presque toute leur hauteur, terminés dans le haut par un cordon étroit, peu saillant, qui délimite une partie horizontale complètement rentrante, profondément creusée et nettement tranchée dans la région suturale; sur chaque tour, six à huit cordons décurrents minces, étroits, peu saillants, irrégulièrement répartis et d'épaisseur assez inégale, dont un ou deux dans le voisinage de la base, presque de même épaisseur que le cordon supérieur, les autres cordons plus minces et plus irrégulièrement répartis ; dernier tour arrondi, orné en dessous de nombreux cordons étroits, assez rapprochés, et à peine un peu plus forts que ceux des autres tours ; ouverture inconnue.

Dimensions. Hauteur, 3o à 32 millim.; diamètre, 8 à 9 millim.

Obs. Cette singulière espèce a un profil des mieux caractérisés, ce qui permet de la distinguer facilement de tous ses congénères. Les tours sont toujours nettement découpés dans la région suturale ; cette sorte de troncature est presque aussi profonde que large ; sur un individu bien conservé, la partie méplane horizontale ou mieux spirale qui surmonte l'avant-dernier tour mesure un millimètre et demi de largeur. Sur la partie verticale des tours, les côtes ou cordons décurrents sont toujours inégaux et irrégulièrement espacés, mais sans être aussi saillants que le cordon supérieur qui délimite la partie supérieure du tour.

Outre ce mode d'ornementation, nous estimons, d'après ce que nous voyons sur un fragment assez bien conservé, qu'il devait exister un second régime de costulations longitudinales très fines, très ténues, presque obsolètes, marqué surtout dans les espaces compris entre les cordons, et particulièrement accusé sur la base du dernier tour, dans le voisinage de l'ouverture ; dans ces régions, les costulations devaient avoir un facies un peu ondulé.

Commun : Djebel Nasser-Allah ; marnes et grès à Nummulites, marnes grises au-dessus des calcaires gréseux à Nummulites.

Turritella avita nov. sp., pl. VII, fig. 19.

Coquille de taille assez petite, d'un galbe un peu court, assez renflé à la base, acuminé au sommet; spire un peu courte, à croissance spirale médiocre, composée de dix à douze tours à profil très anguleux, séparés par une suture linéaire; angulosité des tours située un peu au-dessus de la base, précédée et suivie de parties méplanes formant entre elles, par leur intersection, un angle assez ouvert, dont le sommet est occupé par le cordon carénal, mince, arrondi, très saillant, continu; sur chaque tour, six à huit cordons décurrents assez fins, un peu saillants, assez irrégulièrement espacés, généralement un peu plus forts au-dessous de la carène qu'au-dessus, se confondant avec la ligne suturale; ouverture inconnue.

Dimensions. Hauteur, 45 millimètres; diamètre, 13 millimètres.

Obs. On peut rapprocher cette espèce du Turritella secans de Coquand [1]; mais on la distinguera toujours facilement : à son galbe plus effilé, moins trapu à la base; à ses tours à profil plus anguleux, avec la carène beaucoup moins médiane; à sa

[1] Turritella secans Coquand Géol. et paléont. prov. Constantine, 265, t. 29, fig. 24 [1862].

suture moins nettement accusée; à ses cordons décurrents plus fins et plus saillants, notamment le cordon carénal, etc.

Nous rattacherons encore notre *T. avita* au même groupe que le *T. transitoria* des dépôts tertiaires de l'Égypte [1]; ces deux espèces ont, en effet, un galbe assez analogue, quoique pourtant le *T. avita* soit plus court et plus trapu; mais elles ont une ornementation toute différente; dans la forme tunisienne, les cordons décurrents sont beaucoup plus fins, plus nombreux et plus rapprochés; ils ne présentent pas ce facies granuleux que l'on observe chez l'espèce égyptienne.

Peu commun : Djebel Nasser-Allah ; marnes et grès nummulitiques ; marnes grises au-dessus des calcaires gréseux à Nummulites.

Turritella angulata J.-C. Sowerby, var. **minor** *in Trans. Geol. Soc. London*, V, t. 26, fig. 7 [1840]; d'Archiac et J. Haime *Descr. anim. foss. Inde*, 294, t. 27, fig. 6 à 9 [1853]. – *T. assimilis* J.-C. Sowerby *loc. cit.*, fig. 8 d'après d'Archiac et J. Haime *loc. cit.*

Obs. Comme l'ont très judicieusement fait observer d'Archiac et Jules Haime, le *Turritella angulata* est une espèce très polymorphe. Aux formes déjà décrites et figurées nous croyons devoir ajouter une var. *minor* caractérisée par sa petite taille, et dont le mode d'ornementation, ainsi que le profil des tours, se rapproche beaucoup de la forme représentée par la figure 9 de l'atlas des animaux fossiles de l'Inde. Dans cette variété, les tours sont très découpés, très étagés, séparés par une suture profonde : la carène, sur chaque tour, est accusée par un bourrelet relativement fort et saillant, tandis que le reste des tours est faiblement orné.

Le *T. angulata* est certainement voisin de notre *T. avita;* ces deux espèces appartiennent au même groupe, mais il est facile de les distinguer : chez le *T. angulata,* le profil des tours, dans leur partie rentrante, est un peu convexe, tandis qu'il est au contraire nettement concave chez le *T. avita*. En outre, chez cette dernière espèce, l'espace compris entre deux carènes saillantes sur deux *tours* consécutifs est toujours beaucoup plus profondément creusé, avec un profil plus concave dans tout son ensemble, et moins nettement anguleux dans la partie profonde au voisinage de la suture. Enfin chez le *T. angulata,* la carène est toujours notablement plus inférieure que chez le *T. avita*.

Peu commun : Djebel Teldja ; calcaires au-dessous du niveau à phosphorites.

Turritella Meslei nov. sp., pl. VII, fig. 20.

Coquille de taille assez petite, d'un galbe très allongé, à spire très haute, très effilée, à croissance très régulière; tours peu saillants, séparés par une suture peu profonde, à peine étagés les uns au-dessus des autres; dans le haut de chaque tour, et immédiatement au-dessus de la suture, il existe un bourrelet assez haut, peu épais, peu saillant, largement arrondi; dans le bas, mais seulement au voisinage de la suture,

---

[1] *Turritella transitoria* Karl Mayer-Eymar *Die Verstein. tert. Schisch. Westlich. Insel im Birkel-el-Qurâm-See, in Palæontographica*, XXX, 76, t. 23, fig. 6 [1883].

règne un second bourrelet analogue au premier, mais un peu moins fort; l'espace compris entre ces deux bourrelets présente un profil légèrement concave ou presque méplan; sur tout le test, on observe des costulations longitudinales ondulées très peu accusées, assez rapprochées; ouverture inconnue.

Dimensions. Hauteur, 24 millimètres; diamètre, 7 millimètres.

Obs. Le *Turritella Meslei*, avec son galbe effilé, sa spire très haute et son mode d'ornementation si particulier, ne peut être confondu avec aucune des espèces que nous avons déjà signalées.

Assez commun : Djebel Teldja; Djebel Stah (Kef Allou-Seïf); calcaires marneux à la base de l'Éocène.

SOLARIIDÆ.

Genre SOLARIUM.

Solarium Lamarck *Prodrome*, 74 [1799], et *Syst. anim.*, 86 [1801].

Solarium sp.

Nous citerons ici pour mémoire, à titre d'indication générique, un moulage interne d'un *Solarium* de taille assez grande, se rapprochant assez, comme galbe et comme allure, du *Solarium affine* [1]. Il répond à une coquille à spire peu haute, à profil presque droit, à ombilic moyen, avec le dernier tour un peu renflé et légèrement arrondi en dessous, à son extrémité inférieure, au voisinage de l'ouverture; la ligne carénale de ce dernier tour est arrondie quoique assez mince; enfin on distingue au-dessous et au voisinage de la carène quelques cordons granuleux dont un surtout paraît plus accusé que les autres.

Dimensions. Hauteur, 11 millimètres; diamètre, 21 millimètres.

Djebel Nasser-Allah; calcaires gréseux supérieurs à Nummulites et à *Euspatangus*.

CALYPTRÆIDÆ.

Genre CALYPTRÆA.

Calyptræa Lamarck *Prodrome* [1799]; *Syst. anim.*, 70 [1801].

Calyptræa mammillata nov. sp., pl. VII, fig. 21.

Coquille de taille moyenne, d'un galbe turriculé subtrochiforme, conique, assez élevé; spire composée de trois à quatre tours très peu distincts, assez étagés, à profil convexe, assez irréguliers, séparés par une

---

[1] *Solarium affine* J.-C. Sowerby in *Transact. Geol. Soc. London*, ser. 2, V, t. 16, fig. 5 [1840]; d'Archiac et J. Haime *Descr. anim. foss. Inde*, 288, t. 26, fig. 13, a, b, c; fig. 14, a, b, c [1853].

suture linéaire très peu distincte; premiers tours mamelonnés, obtus; dernier tour constituant à lui seul toute l'ouverture; ouverture circulaire; test un peu épais, solide, orné de stries concentriques irrégulières, un peu ondulées, comme discontinues.

DIMENSIONS. Hauteur, 13 millimètres; diamètre, 15 millimètres.

OBS. Nous reconnaissons volontiers que les caractères distinctifs des petites espèces appartenant au genre *Calyptræa* sont parfois assez difficiles à saisir. Mais il nous semble qu'on a quelque peu abusé du *C. trochiformis* de Lamarck[1] pour le faire passer dans des étages aussi distincts que l'Éocène du bassin de Paris, ou l'Aquitanien de Saint-Avit dans la Gironde par exemple, et pour le reconnaître dans des milieux aussi éloignés que les dépôts du nord de l'Europe et de la Libye[2]. Quoi qu'il en soit, notre espèce, comparée au *C. trochiformis*, s'en distinguera : à son galbe plus élevé, avec la spire plus haute, plus conique; à ses tours plus étagés, avec un profil plus convexe; à son test plus solide, plus robuste, etc.

Oued El-Aachen; niveaux à phosphorites.

NATICIDÆ.

GENRE NATICA.

Natica Adanson *Moll. Sénégal*, 172 [1757].

Natica SP.

Moule intérieur déformé, en partie recouvert de son test, d'une taille assez forte, d'un galbe général ovoïde un peu déprimé; spire peu haute, peu développée, à tours peu séparés, à peine étagés; dernier tour plus haut et légèrement arrondi à sa naissance, mais très développé et bien largement arrondi à son extrémité.

DIMENSIONS. Hauteur, 23 millimètres; diamètre, 20 millimètres.

OBS. Cette forme, qui est très probablement nouvelle, est représentée par des échantillons malheureusement trop mal conservés pour que nous puissions en donner une description exacte et suffisamment complète. Elle nous paraît intermédiaire entre les *Natica cepacea* Lamarck[3] et *N. sigaretina* Deshayes[4] du bassin de Paris, dont d'Archiac et J. Haime ont signalé des formes similaires dans les dépôts nummulitiques de l'Inde[5]. Comme le *Natica cepacea*, notre espèce a la spire peu haute, peu développée; ses tours sont peu nombreux, peu distincts,

---

[1] *Calyptræa trochiformis* Lamarck *in Annales Muséum Paris*, I, 885 [1803]; Deshayes *Coquilles fossiles env. Paris*, II, 30, t. 4, fig. 1 à 3, 11 à 13 [1837].

[2] Karl Mayer-Eymar *Die Verstein. tert. Schisch. Westlich. Insel im Birkel-el-Qurûm-See*, in *Palæontographica*, XXX, 72 [1883].

[3] *Natica cepacea* Lamarck in *Ann. Muséum*, V, 92, n° 3; VIII, t. 62, fig. 5 [1804].

[4] *Natica sigaretina* Deshayes *Descript. anim. foss. bass. Paris*, II, 170, t. 21, fig. 5, 6 [1837].

[5] D'Archiac et J. Haime *Descript. anim. foss. Inde*, 280 [1853].

non étagés; son dernier tour est relativement peu haut à sa naissance. Mais elle participe également du *N. sigaretina* par le développement considérable de l'extrémité de son dernier tour. Les fragments de son test sont aussi un peu ridés comme ceux de cette dernière espèce.

Très commun : Djebel Nasser-Allah; calcaires inférieurs à *Ostrea strictiplicata* type.

Natica SP.

Moule intérieur d'une coquille de taille assez forte, à spire assez haute, à tours bien étagés, à croissance régulière, séparés par une suture très accusée; dernier tour régulièrement développé.

DIMENSIONS. Hauteur, 25 millimètres; diamètre, 23 millimètres.

OBS. Cette espèce, encore plus mal conservée que la précédente, en est cependant très nettement distincte par sa taille un peu plus forte, par sa spire plus haute, plus étagée, par sa croissance plus régulière, par son dernier tour proportionnellement moins développé, etc.

Assez commun : Djebel Nasser-Allah; calcaires intermédiaires aux calcaires phosphatés et aux grès à Nummulites.

Natica Tunetana NOV. SP., pl. VII, fig. 22.

Coquille de petite taille, d'un galbe ovoïde bien allongé; spire haute, composée de cinq à six tours assez élevés, un peu étagés, à profil convexe, à croissance assez rapide, séparés par une suture peu profonde; dernier tour haut, très allongé, à direction fortement descendante à son extrémité, à profil arrondi mais non globuleux; ouverture ovalaire-allongée.

Hauteur, 13 millimètres; diamètre, 9 millimètres.

OBS. Le *Natica Tunetana* se rapproche du *N. Alderi* [1] de la faune actuelle, au moins comme galbe et comme taille. Nous ne voyons dans la faune Suessonienne aucune espèce qui puisse lui être comparée; malheureusement ses caractères aperturaux sont très incomplets et ne permettent pas de juger de la disposition du bord columellaire.

Rare : Djebel Teldja, marnes phosphatées.

Natica SP.

OBS. Nous citerons pour mémoire une autre espèce de *Natica* d'un galbe analogue, mais de taille encore plus petite, qui ne nous est connue que par un individu probablement non adulte; son galbe est ovoïde-allongé, mais à tours encore plus étagés que chez le *Natica Tunetana*; à la partie supérieure de chaque tour, on distingue une zone légèrement méplane, analogue à celle que l'on observe chez

---

[1] *Natica Alderi* Forbes *Malac. Monensis*, 31, t. 2, fig. 6 et 7 [1838].

le *N. longispira* [1]; sa forme générale est plus allongée que celle de cette dernière espèce, surtout au dernier tour, ce qui conduit à une ouverture plus ovalaire dans le sens de la hauteur.

DIMENSIONS. Hauteur, 8 1/2 millimètres; diamètre, 6 millimètres.

Rare : Djebel Teldja, marnes phosphatées.

NERITIDÆ.

GENRE NERITA.

Nerita Adanson *Moll. Sénégal*, 188 [1757].

Nerita cicerina NOV. SP., pl. VII, fig. 23.

Coquille de très petite taille, d'un galbe globuleux, arrondi, un peu haut; spire relativement assez élevée, composée de trois à quatre tours convexes, séparés par une suture linéaire assez accusée; sommet obtus; dernier tour très grand, constituant à lui seul presque toute la coquille, un peu arrondi à sa naissance, devenant ensuite de plus en plus méplan dans presque toute sa hauteur, et simplement arrondi dans le bas et dans le haut; ouverture ovalaire; callum columellaire très épais; test assez solide orné de linéoles brunes très foncées, minces, un peu irrégulières, réparties longitudinalement en zigzags sur la presque totalité du test.

DIMENSIONS. Hauteur, 7 millimètres; diamètre, 6 millimètres.

OBS. Nous ne voyons aucune espèce dans la faune éocène de l'Europe qui puisse être comparée utilement à notre *Nerita cicerina*. C'est une forme des plus typiques qui a plus d'analogie avec certaines formes actuellement vivantes qu'avec les formes fossiles connues.

Djebel Nasser-Allah; marne grise au-dessus des calcaires gréseux à Nummulites.

TURBINIDÆ.

GENRE TURBO.

Turbo (Rondelet) L. *Systema naturæ*, édit. 10, 761 [1758].

Turbo eminulus NOV. SP., pl. VII, fig. 24.

Coquille de petite taille, non ombiliquée, d'un galbe turbiné assez élevé; spire assez haute, composée de cinq à six tours bien convexes, élevés les uns au-dessus des autres, séparés par une suture linéaire bien accusée; sommet obtus; premiers tours à croissance régulière, dernier tour bien développé, arrondi dans le haut, obtusément caréné dans le

---

[1] *Natica longispira* Leymerie *in Mém. Soc. géolog. France*, 2ᵉ série, I, t. 16, fig. 3 [1846].

bas, très descendant et bien arrondi à son extrémité; test orné d'un double régime de cordons décurrents et de stries longitudinales; cordons étroits, très fins, au nombre de sept à neuf comptés sur le dernier tour de la suture à la carène basale, un peu irrégulièrement espacés, visibles sur tous les tours, mais un peu obsolètes au-dessous de la coquille; stries longitudinales très obliques, très fines, très rapprochées, parfois obsolètes, recoupant les cordons décurrents de façon à leur donner un facies subgranuleux; ouverture très oblique, bien arrondie; péristome épaissi.

DIMENSIONS. Hauteur, 9 millimètres; diamètre, 8 millimètres.

OBS. Le *Turbo eminulus*, très régulier dans son allure, présente quelques variations dans son ornementation; les cordons décurrents sont ordinairement bien accusés, et dans ce cas les costulations ou mieux les stries longitudinales sont peu marquées; mais il arrive parfois que ces cordons perdent de leur importance, les stries alors sont notablement plus fortes; le galbe de la coquille restant le même, son aspect ornemental est un peu modifié. Nous désignerons cette variété sous le nom de *striata*. Dans ce cas, les stries sont toujours très obliques, très flexueuses, accusées surtout au voisinage de l'ouverture, et formant des rides plus prononcées dans la partie supérieure des tours près de la suture.

Djebel Nasser Allah; marnes grises au-dessus des calcaires gréseux à Nummulites.

Turbo ambifarius NOV. SP., pl. VIII, fig. 1.

Coquille de grande taille, d'un galbe turbiné, très élevé; spire haute composée de tours élevés, à croissance rapide, à profil anguleux; angulosité carénale située un peu au-dessus de la suture, marquée par une série de costulations variqueuses longitudinales s'étendant en progression décroissante depuis la carène jusqu'à la suture, et formant sur la carène une saillie aiguë très prononcée, comme épineuse, puis ensuite à surface arrondie, très atténuée à la suture; entre la carène et la suture, on distingue deux ou trois cordons décurrents étroits, peu saillants, continus, marqués surtout à leur passage par-dessus les costulations longitudinales; suture peu profonde quoique bien accusée par le profil des tours; dernier tour très gros, renflé, bien anguleux, très descendant à son extrémité, avec des costulations épineuses très saillantes, au nombre de quinze environ, très régulières, assez espacées, bien équidistantes, mais moins rapprochées qu'aux tours supérieurs; base du dernier tour arrondie, ornée de quelques cordons saillants, très étroits, assez espacés; ouverture très descendante, peu oblique, bien arrondie.

DIMENSIONS. Hauteur, 60 millimètres; diamètre, 35 millimètres.

OBS. Depuis quelques années on a fait de telles coupes dans la famille si nombreuse des *Turbinidæ* qu'il est parfois bien difficile de s'y reconnaître d'une façon

exacte. En principe, nous admettons bien volontiers que cette grande coquille si
hautement turbinée, avec des tours carénés, ne peut pas appartenir au même
groupe et peut-être au même genre que la petite espèce à tours bien arrondis que
nous avons précédemment décrite. Mais si cette dernière est un véritable *Turbo*,
que ferons-nous de l'autre? D'après son mode d'ornementation avec ses tubercules
épineux, ce serait un *Astralinus* [1]. Mais les espèces qui caractérisent ce genre sont
aplaties à la base, et tel n'est pas le cas de notre coquille. Elle présenterait plus
d'analogie avec les *Amberleya*; mais dans ce genre l'ouverture est ovale et anguleuse, tandis que notre espèce a son ouverture arrondie; en outre, les *Amberleya*
ne dépassent pas, croyons-nous, la faune jurassique et nous sommes ici en plein
Éocène. Nous avons donc provisoirement au moins maintenu notre coquille dans
le genre *Turbo*.

Djebel Stah (Kef Allou-Seïf); calcaire lumachelle à *Ostrea*.

Genre ZIZYPHINUS.

Zizyphinus Gray Syn. Brit. Mus. [1840].

Zizyphinus oxytonus nov. sp., pl. VII, fig. 25.

Coquille de petite taille, d'un galbe conique, médiocrement élevé, non
ombiliqué; spire assez haute, aiguë, composée de six tours environ, les
premiers à profil méplan, séparés par une suture assez accusée, étroitement
canaliculée; dernier tour un peu plus grand que les précédents, anguleux dans le bas, méplan en dessous, arrondi à son extrémité vers l'ouverture; ornementation composée sur chaque tour de trois cordons décurrents granuleux très étroits, équidistants; sur le cordon supérieur, des
granulations un peu fortes, espacées, très régulières, saillantes et arrondies; sur le second cordon, des granulations semblables aux précédentes,
mais un peu moins fortes et un peu plus rapprochées; sur le troisième
cordon, qui sert de délimitation à la canaliculation suturale, des granulations encore plus petites et beaucoup plus rapprochées; sur le dernier
tour, outre les trois cordons que nous venons de définir, il existe un quatrième cordon exactement carénal, semblable au précédent; au delà de ce
cordon carénal et en dessous de la coquille, on compte quatre ou cinq cordons obtusément granuleux, irrégulièrement espacés, assez saillants, le
plus central étant presque aussi fortement granuleux que le cordon carénal.
Entre ces différents cordons, il existe des costulations très fines, ou mieux
des rides longitudinales très obliques, assez rapprochées, très irrégulières,
visibles en dessus comme en dessous de la coquille.

Dimensions. Hauteur, 8 millimètres; diamètre, 8 1/2 millimètres.

---

[1] *Vide* P. Fischer *Manuel Conch.*, 812 et 815.

Obs. Par son galbe et surtout par son mode d'ornementation, cette élégante petite espèce se distinguera toujours facilement de ses congénères. Sur un individu bien conservé, outre les trois cordons décurrents si caractéristiques que l'on distingue sur chaque tour, il en existe un quatrième peu marqué, situé au-dessous des autres, dans la canaliculation de la suture et au-dessus de cette ligne; ce quatrième cordon n'est pas toujours aussi visible que les autres.

Djebel Nasser-Allah; marnes grises au-dessus des calcaires gréseux à Nummulites.

PELECIPODA.

PHOLADIDÆ.

Genre PHOLAS.

Pholas (Lister) L. *Systema naturæ*, édit. 10, 669 [1758].

Pholas olivaria nov. sp., pl. VIII, fig. 2.

Coquille de taille moyenne, équivalve, d'un galbe cylindroïde allongé, un peu renflé, très inéquilatéral; région antérieure très courte, étroitement rétrécie, bien exactement médiane; région postérieure très allongée, lentement et progressivement atténuée depuis les sommets jusqu'à son extrémité; sommets situés au tiers environ de la longueur totale, assez saillants, s'élargissant rapidement; bord inférieur bien retroussé dans la région antérieure, et fortement excavé par suite du bâillement de la coquille dans cette partie, puis presque rectiligne en son milieu, et très légèrement relevé à son extrémité postérieure; bord supérieur lentement infléchi depuis les sommets jusqu'au rostre, légèrement excavé dans cette partie par l'effet du bâillement des valves; test orné dans la région antérieure de lamelles rayonnantes peu saillantes, assez espacées, assez régulières, partant des sommets pour atteindre le bord basal.

Dimensions. Longueur, 33 millimètres; hauteur, 16 millimètres; épaisseur, 14 millimètres.

Obs. Pour pouvoir donner une description suffisante, nous avons dû avoir recours à plusieurs échantillons plus ou moins incomplets, mais finissant par se compléter les uns les autres. Un fragment de moulage nous a permis de nous rendre compte de la région antérieure bien caractérisée chez cette espèce. Nous ne pouvons la rapprocher d'aucune forme déjà connue, quoiqu'elle rappelle un peu le galbe du *Pholas Levesquei* Watelet [1] de l'Éocène du bassin parisien.

Djebel Stah (Kef Allou-Seïf); calcaire marneux de la base du Suessonien.

---

[1] *Pholas Levesquei* Watelet *Rech. sables tert. env.* Soissons, 6, t. 1, fig. 1 à 5; Deshayes *Descr. anim. sans vert. bassin Paris*, I, 135, t. 6, fig. 10-12 [1860].

MYADÆ.

Genre PANOPÆA.

Panopæa Ménard de la Groye *in Ann. Muséum Paris*, IX, 131 [1807].

Panopæa Tunetana nov. sp., pl. IX, fig. 1.

Coquille de taille moyenne, d'un galbe un peu déprimé, assez allongé, équivalve, inéquilatéral; région antérieure assez développée, un peu haute, très régulièrement arrondie; région postérieure sensiblement deux fois plus longue que la région antérieure, mais un peu plus étroite, obtusément cunéiforme à son extrémité; sommets rejetés vers la région antérieure, larges, peu saillants, comme comprimés; bord inférieur largement arrondi, un peu plus retroussé dans la région postérieure que dans la région antérieure; bord supérieur allongé, presque droit; maximum de bombement reporté dans la région des sommets; test orné de zones concentriques assez accusées, peu régulières, assez espacées, visibles également sur les moulages internes privés de leur test.

Dimensions. Longueur, 71 millimètres; hauteur, 38 millimètres; épaisseur, 21 millimètres.

Obs. Cette Panopée, que nous croyons nouvelle, présente quelque analogie avec le *Glycimeris angusta* Nyst [1] des dépôts tertiaires de la Belgique; c'est toujours ce même galbe peu renflé, assez étroit, allongé; mais notre espèce diffère du type belge : par son galbe plus haut; par sa région antérieure plus largement arrondie; par ses sommets plus saillants; par son bord supérieur plus horizontal, donnant à la région postérieure un facies moins étroitement cunéiforme; par ses côtes plus saillantes et plus rapprochées, etc. D'après l'état de conservation de nos échantillons, il est assez difficile de se rendre un compte bien exact du bâillement des valves; cependant nous croyons pouvoir affirmer que ce bâillement, même dans la région rostrale, est toujours peu prononcé.

Aïn-Cherichira; calcaires gréseux ferrugineux à Échinides et à Nummulites.

ANATINIDÆ.

Genre THRACIA.

Thracia de Blainville *in Dict. sc. nat.*, XXXII, 347 [1824].

Thracia sp.

Moule interne d'une coquille de taille moyenne, d'un galbe un peu comprimé, avec la région antérieure un peu haute, bien tronquée, et les

---

[1] *Glycimeris angusta* Nyst *Descr. coq. foss. terr. tert. Belgique*, 55, t. 2, fig. 1 [1843].

sommets saillants. Cette forme, qui ne nous est connue que par un très petit nombre d'échantillons, se rapproche comme galbe du *Thracia parvula* Deshayes[1] de l'Éocène de Grignon dans le bassin parisien et du *Thracia papyracea* (Poli) de la faune vivante actuelle de la Méditerranée[2]. Nos échantillons sont trop mal conservés pour que nous puissions leur attribuer une détermination spécifique.

Dimensions. Longueur, 26 millimètres; hauteur, 18 millimètres; épaisseur, 11 millimètres.

Foum El-Teldja; marnes à phosphorites de la base de l'Éocène.

VENERIDÆ.

Genre VENUS.

Venus L. *Systema naturæ*, édit. 10, 684 [1758].

Venus Grenieri Coquand *Géol. et paléont. prov. Constantine*, 270, t. 20, fig. 15 et 16 [1862].

Obs. Cette espèce, suffisamment décrite et soigneusement figurée par Coquand, est représentée dans l'Éocène de la Tunisie par de nombreux échantillons, les uns complets et bien conservés, les autres le plus souvent à l'état de moulages internes facilement reconnaissables. Sur quelques-uns de ces moulages, on observe dans la région des sommets un petit sinus tout à fait analogue à celui qu'Agassiz a signalé dans le moulage du *Venus gibba* de Lamarck[3].

En dehors du type, nous signalerons une variété de même taille, mais d'un galbe plus allongé dans le sens de la hauteur, par conséquent moins transverse, que nous désignerons sous le nom de variété *recta*.

Très commun: Djebel Stah (Kef Allou-Seïf); Foum El-Teldja; niveaux à phosphorites. — Aïn-Cherichira; calcaire inférieur à *Ostrea strictiplicata*. — Oued El-Aachen.

Venus Renodieri NOV. SP., pl. VIII, fig. 3.

Coquille de taille assez petite, d'un galbe bien arrondi, un peu renflé, équivalve, légèrement inéquilatéral; région antérieure un peu plus étroite que la région postérieure; bord inférieur largement arrondi, bien retroussé à ses deux extrémités; ligne apico-antérieure un peu concave et plus relevée que la ligne apico-postérieure, celle-ci légèrement convexe; sommets forts, saillants, assez renflés dans leur ensemble, un peu étroits, légèrement rejetés vers la région antérieure; maximum de

---

[1] *Thracia parvula* Deshayes *Descript. anim. sans vert. bassin Paris*, I, 269, t. 17, fig. 24 à 26 [1860].
[2] *Tellina papyracea* Poli *Test. utriusque Siciliæ*, I, 43, t. 15, fig. 14-15 [1791].
[3] Agassiz *Mém. moules Mollusques acéphalés*, 37 [1839].

bombement situé au tiers de la hauteur totale à partir des sommets; test orné de stries concentriques fines, régulières, très rapprochées, subégales sur toute l'étendue du test.

DIMENSIONS. Hauteur, 24 millimètres; largeur, 23 millimètres; épaisseur, 11 millimètres.

OBS. Cette espèce, voisine du *Venus Grenieri*, s'en distingue facilement : par son galbe plus régulièrement arrondi dans son ensemble; par sa région postérieure moins tombante, et d'un profil plus régulièrement arrondi; par ses sommets moins étranglés dès leur origine, et notablement plus saillants; par ses valves un peu moins bombées, etc.

Djebel Stah (Kef Allou-Seïf); calcaires marneux de la base de l'Éocène.

Venus obdurescata NOV. SP., pl. VIII, fig. 4.

Coquille de petite taille, d'un galbe arrondi, très renflé, équivalve, subéquilatéral; région antérieure un peu plus étroite et un peu moins développée que la région postérieure, toutes deux assez retroussées avec le centre de courbure un peu infra-médian; bord inférieur très arrondi, presque également recourbé à ses deux extrémités; ligne apico-antérieure légèrement concave et à peine plus relevée que la ligne apico-postérieure, celle-ci très légèrement convexe; sommets forts, saillants, s'élargissant rapidement, légèrement rejetés vers la région antérieure; valves bien bombées avec le maximum de bombement situé aux deux cinquièmes environ de la hauteur totale à partir des sommets, rapidement atténué jusqu'à la périphérie; test orné de stries concentriques fines, régulières, assez rapprochées.

DIMENSIONS. Hauteur, 15 millimètres; largeur, 15 millimètres; épaisseur, 8 millimètres.

OBS. Cette forme, par son galbe, appartient au même groupe que les deux espèces précédentes. On remarquera que nos *Venus Renodieri* et *V. obdurescata* se rapprochent, par leur forme générale et par leur mode d'ornementation, des *Dosinia* peut-être plus que des véritables *Venus;* mais un des caractères distinctifs des *Dosinia* portant sur le peu de renflement des valves, et nos coquilles ayant les valves relativement bien renflées, nous croyons devoir les maintenir dans le genre *Venus*.

On distinguera le *V. obdurescata* du *V. Renodieri* : à sa taille notablement plus petite; à son galbe encore plus arrondi et surtout plus renflé dans tout son ensemble; à son bord inférieur dont le profil est plus étroit et notablement plus retroussé à ses deux extrémités; à ses régions antérieure et postérieure plus subégales et plus médianes, etc.

Djebel Stah (Kef Allou-Seïf); calcaires marneux de la base de l'Éocène.

Venus globulina NOV. SP., pl. IX, fig. 2.

Moule intérieur d'une coquille de taille assez forte, d'un galbe subarrondi, globuleux, très renflé, équivalve, subéquilatéral; région antérieure un peu moins développée que la région postérieure, bien arrondie, un peu basse; région postérieure plus obtusément arrondie que la région antérieure et également plus basale; ligne apico-antérieure très légèrement rentrante dans le haut, un peu courte; ligne apico-postérieure faiblement bombée, notablement plus allongée que la ligne apico-antérieure, toutes deux ayant à peu près la même inclinaison; bord basal court, bien arrondi, un peu plus retroussé dans la région antérieure que dans la région postérieure; sommets légèrement reportés vers la région antérieure, saillants, renflés; valves très bombées, avec le maximum de bombement reporté aux deux cinquièmes de la hauteur totale à partir des sommets.

Dimensions. Hauteur, 39 millimètres; largeur, 42 millimètres; épaisseur, 26 millimètres.

Obs. Quoique cette espèce ne nous soit encore connue que par de simples moulages, elle nous a paru tellement caractéristique que nous n'avons pas hésité à la décrire et à lui donner un nom spécifique. Par son galbe, elle se rapproche incontestablement du *Venus Matheroni* Coquand dont nous allons parler; mais elle s'en distingue : par son profil beaucoup plus arrondi et non pas subtrigone; par ses sommets beaucoup moins saillants; par sa région antérieure moins excavée dans le haut, plus arrondie dans le bas; par sa région postérieure notablement moins basse et moins tombante; par son galbe plus régulièrement globuleux, etc.

Djebel Teldja.

Venus Matheroni Coquand, var. *recta*, pl. VIII, fig. 5.

Obs. La forme que nous inscrivons sous le nom de *Venus Matheroni* var. *recta* est peut-être une forme nouvelle, tellement elle diffère du véritable *Venus Matheroni* tel que Coquand l'a figuré dans son atlas [1]. Mais comme nous ne connaissons encore cette forme que par un seul moulage interne, nous nous bornerons pour le moment à l'inscrire sous le nom de variété d'une forme déjà connue et dont nous allons donner les caractères différentiels.

Notre variété diffère du type : par son galbe plus droit, plus haut; par son bord inférieur beaucoup plus étroit; par sa région antérieure notablement moins développée, moins basale, moins excavée dans le haut; par sa région postérieure plus droite; par ses sommets plus étroits et plus saillants, etc.

Dimensions. Hauteur, 50 millimètres; largeur, 49 millimètres; épaisseur, 35 millimètres.

Djebel Teldja.

---

[1] *Venus Matheroni* Coquand *Géol. et paléontol. prov. Constantine*, 270, t. 30, fig. 13 à 14 [1862].

Genre **CYTHEREA**.

Cytherea Lamarck *in Ann. Muséum Paris*, VII, 419 [1805].

Cytherea promeca nov. sp., pl. VIII, fig. 6.

Coquille de taille moyenne, d'un galbe subovalaire allongé, déprimé, équivalve, fortement inéquilatéral; région antérieure courte, étroite, avec la ligne apico-antérieure bien tombante et presque droite; région postérieure beaucoup plus développée, allongée, avec un rostre très inférieur; ligne apico-postérieure oblique, allongée, un peu creusée; bord inférieur étendu, largement arrondi dans le bas, un peu retroussé dans la région antérieure; sommets peu saillants, très comprimés, situés au premier tiers de la largeur totale; valves médiocrement bombées, avec le maximum de bombement reporté aux deux cinquièmes environ de la hauteur totale, à partir des sommets; test orné de stries concentriques le découpant sous forme de costulations très irrégulières, assez larges, peu hautes, irrégulièrement distantes.

Dimensions. Hauteur, 23 millimètres; largeur, 22 millimètres; épaisseur, 13 millimètres.

Obs. Les espèces appartenant au genre *Cytherea*, tel que les malacologistes le comprennent aujourd'hui, ont été bien souvent confondues avec les véritables *Venus*. L'espèce que nous venons de décrire, ainsi que les deux suivantes, malgré leur assez mauvais état de conservation, nous paraissent plutôt se rapporter aux *Cytherea* qu'aux *Venus*.

Le *Cytherea promeca* présente quelque analogie avec le *C. suberycinoides* Deshayes [1] du bassin de Paris. On le distinguera de cette dernière espèce : à sa région antérieure encore plus étroite et un peu plus retroussée; à son bord inférieur plus arrondi; à son galbe proportionnellement plus haut; à ses costulations moins accusées et encore moins régulières, etc.

Aïn-Cherichira; calcaires inférieurs à *Ostrea strictiplicata*.

Cytherea humata nov. sp., pl. IX, fig. 10.

Moule intérieur d'une coquille de taille moyenne, d'un galbe subtriangulaire allongé, peu renflé, équivalve, très inéquilatéral; région antérieure bien développée, assez haute, à profil arrondi avec l'axe nettement infra-médian; ligne apico-antérieure assez courte, légèrement excavée; région postérieure très allongée, comme rostrée, avec l'axe du rostre sur la même ligne que l'axe de la région antérieure; ligne apico-rostrale allongée, légèrement courbée; bord inférieur largement arrondi, également retroussé à ses deux extrémités; sommets forts, élargis, infléchis vers la

---

[1] *Cytherea suberycinoides* Deshayes *in Encycl. méth.*, *Vers*, II, 2ᵉ part., 60, n° 2 [1830]; *Descript. coq. foss. envir. Paris*, I, 129, t. 22, fig. 8 et 9 [1837].

région antérieure, reportés aux deux cinquièmes de la longueur totale; valves assez bombées avec le maximum de bombement reporté dans la région des sommets.

DIMENSIONS. Hauteur, 29 millimètres; largeur, 37 millimètres; épaisseur, 18 millimètres.

OBS. Le *Cytherea humata* est voisin du *C. promeca*. On le distinguera de cette dernière espèce : à sa taille notablement plus forte; à sa région antérieure plus large, plus développée, plus arrondie; à sa région postérieure plus allongée, moins tombante; à son bord inférieur plus régulièrement arrondi; à ses sommets plus saillants, moins comprimés, etc.

Oued El-Aachen.

CYPRINIDÆ.

GENRE CYPRINA.

Cyprina Lamarck *Anim. sans vert.*, V, 556 [1818].

Cyprina nucleata NOV. SP., pl. VIII, fig. 7.

Coquille de petite taille, d'un galbe subrhomboïdal un peu allongé dans le sens de la hauteur, assez renflé, équivalve, inéquilatéral; région antérieure courte, haute, comme tronquée latéralement suivant une ligne presque verticale; ligne apico-antérieure très courte, très peu inclinée; région postérieure à peine un peu plus développée que la région antérieure, très tombante, à profil externe largement arrondi; bord inférieur court, irrégulièrement arrondi, inégalement retroussé à ses deux extrémités; sommets acuminés, saillants, assez élargis, légèrement rejetés vers la région antérieure; valves bien bombées, surtout dans la région des sommets, lentement et progressivement atténuées jusqu'à la périphérie; test orné de stries concentriques peu saillantes assez espacées, inégales, irrégulières.

DIMENSIONS. Hauteur, 15 millimètres; largeur, 14 millimètres; épaisseur, 10 millimètres.

OBS. Sous le nom de *Cyprina subathoensis* d'Archiac et J. Haime [1] ont décrit et figuré une très intéressante série de *Cytherea* de l'Éocène de l'Inde, très polymorphe, et qu'ils ont cru devoir rattacher, à titre de variété, à un type unique. La forme dont nous venons de donner la description présente quelque analogie avec la coquille représentée figure 3, avec la mention « jeune ». Notre coquille étant absolument adulte nous paraît constituer une espèce voisine, car avec son galbe régulier, ses sommets peu rejetés sur le côté, sa région antérieure comme tronquée, nous ne pouvons la rapporter, même à titre de variété, à l'espèce éocène de l'Inde.

Oued El-Aachen.

---

[1] *Cyprina subathoensis* d'Archiac et J. Haime *Descr. anim. foss. Inde*, 243, t. 12, fig. 4 à 10 [1853].

CARDIACÆ.

Genre CARDIUM.

Cardium L. *Systema naturæ*, édit. 10, 678 [1758].

Cardium aff. **Austeni** d'Archiac et J. Haime. — *Cardium Austeni* d'Archiac et J. Haime, *Descr. anim. fossiles Inde*, 257, t. 21, fig. 15 [1853].

Obs. Nous rapportons avec un point de doute au *Cardium Austeni* de d'Archiac et J. Haime une forme d'un galbe ovalaire, sensiblement équilatéral, un peu plus haute que large, régulièrement bombée, arrondie dans la région des sommets, et ornée de costulations rayonnantes fines, aplaties en dessus, très rapprochées, laissant entre elles des espaces intercostaux notablement plus petits que la moitié de leur épaisseur.

Dimensions. Hauteur, 28 millim.; largeur, 26 millim.; épaisseur, 19 millim.

Midès; zone à *Cardita*.

Cardium aff. **semigranulatum** Sowerby. — *Cardium semigranulatum* Sowerby *Min. conch.*, II, 69, t. 144 [1816]; Nyst *Descr. coq. vert. Belgique*, 189, t. 14, fig. 5 [1843].

Obs. Nous rapprochons avec un point de doute du *Cardium semigranulatum* de Sowerby, tel qu'il est représenté dans l'atlas de Nyst[1], un moulage interne de taille assez petite, d'un galbe subtriangulaire, avec une troncature latérale assez marquée, des sommets forts et saillants, des costulations rayonnantes très fines, peu accusées, très rapprochées, etc. L'état de conservation de nos échantillons laisse par trop à désirer pour que nous puissions en faire une étude plus complète.

Dimensions. Hauteur, 32 millim.; largeur, 22 millim.; épaisseur, 17 millim.

Midès; zone à *Cardita*.

Cardium aff. **hians** Brocchi. — *Cardium hians* Brocchi *Conch. foss. subapennin.*, II, 508, t. 13, fig. 6 [1818]. — *C. indicum* Lamarck *Anim. sans vert.*, VI, I, 4 [1818].

Obs. La forme que nous rapportons avec un point de doute au beau *Cardium hians* de Brocchi en est très voisine, et représente bien certainement sa forme ancestrale; malheureusement nous ne la connaissons qu'à l'état de moulage interne des deux valves réunies; son galbe est très gros, très globuleux, avec les sommets très saillants, légèrement recourbés et infléchis; dans la région postérieure, il existait une partie bâillante d'un galbe ovalaire; les côtes étaient relativement peu fortes et peu nombreuses, laissant entre elles des espaces intercostaux notablement plus larges. Nous avons eu occasion de signaler dans cette faune éocène de la Tunisie plusieurs points communs avec la faune fossile ou vivante des Indes. On remarquera que Lamarck, sous le nom de *Cardium indicum*, avait décrit presque en même

---

[1] P.-M. Nyst *Descript. coquilles et polyp. fossiles des terrains tertiaires de la Belgique*, t. 24, fig. 5 [1843]. — Sous ce même nom, Deshayes avait figuré en 1837 une forme de taille plus grande qu'il a dénommée en 1860 *Cardium Edwardsi*.

temps que Brocchi une forme vivante de la mer des Indes, que les naturalistes ont ensuite identifiée avec l'espèce fossile du subapennin de l'Italie, et qui vit encore, mais presque à l'état de rareté, sur les côtes de la Méditerranée.

DIMENSIONS. Hauteur, 83 millim.; largeur, 80 millim.; épaisseur, 62 millim.

Djebel Teldja; calcaires au-dessus du niveau à phosphorites.

Cardium sp.

OBS. Nous citerons pour mémoire, par suite du mauvais état des échantillons qui nous ont été communiqués, un moulage d'une autre espèce de *Cardium,* de taille un peu plus petite, avec un bâillement des valves moins accusé, un galbe un peu moins renflé, des sommets un peu moins élargis, et des côtes rayonnantes sensiblement égales aux espaces intercostaux, ou à peine un peu plus petites. Nous ne connaissons aucune espèce vivante ou fossile se rapprochant suffisamment de cette forme très probablement nouvelle.

DIMENSIONS. Hauteur, 70 millim.; largeur, 70 millim.; épaisseur, 47 millim.

Djebel Teldja; calcaires au-dessus du niveau à phosphorites.

CARDITIDÆ.

GENRE VENERICARDIA.

Venericardia Lamarck *Syst. anim. sans vert.,* 123 [1801].

Venericardia tumens NOV. SP., pl. IX, fig. 3.

Coquille de taille assez forte, d'un galbe général subovalaire, un peu allongé dans le sens de la hauteur, très globuleux, très renflé dans tout son ensemble, équivalve, fortement inéquilatéral; région antérieure courte, peu développée, un peu retroussée, assez haute, à profil externe bien arrondi; région postérieure beaucoup plus développée, un peu tombante, comme tronquée à son extrémité sur une faible hauteur; bord inférieur relativement court, à profil bien arrondi; sommets très renflés, très saillants, fortement arqués et rejetés sur la région antérieure; valves épaisses, très renflées dans tout leur ensemble, avec le maximum de bombement reporté aux deux cinquièmes environ de la hauteur totale à partir des sommets; test solide, épais, orné d'environ vingt-cinq côtes rayonnantes, fortement infléchies des sommets à la périphérie, épaisses, subégales, arrondies ou même un peu anguleuses à leur naissance, légèrement aplaties à leur extrémité, très rapprochées les unes des autres, laissant entre elles des espaces intercostaux profonds, mais très étroits, presque simplement linéaires; stries d'accroissement décurrentes assez marquées, un peu irrégulières, rapprochées surtout dans la région basale.

DIMENSIONS. Hauteur, 43 millimètres; largeur, 42 millimètres; épaisseur, 35 millimètres.

Obs. Cette espèce est assez voisine comme galbe et comme allure du *Venericardia trigona* de Leymerie [1] appartenant aux dépôts épicrétacés des Corbières dans les Pyrénées françaises. Mais elle en diffère : par son galbe beaucoup plus ovoïde et partant moins transverse; par sa région postérieure plus courte, avec la ligne apico-rostrale plus tombante; par son bord inférieur beaucoup plus court et beaucoup plus arrondi; par ses côtes plus nombreuses et plus rapprochées, etc.

On peut également comparer notre *Venericardia tumens* au *V. planicosta* de Lamarck [2], de l'Éocène du bassin de Paris; mais il s'en distingue de suite par son galbe plus étroit, plus renflé, plus ovalaire dans le sens de la hauteur, par son profil, etc.

Djebel Stah (Kef Allou-Seïf); calcaires marneux de la base du Nummulitique.

Venericardia Coquandi nov. sp., pl. VIII, fig. 8.

Coquille de taille assez petite, d'un galbe ovoïde, court, renflé, équi-valve, très inéquilatéral; région antérieure courte, un peu retroussée, arrondie, peu haute; région postérieure au moins deux fois plus déve-loppée que la région antérieure, large, lentement décroissante, subtron-quée à son extrémité, suivant une ligne un peu oblique et assez haute; ligne apico-postérieure lentement tombante, un peu arrondie; bord infé-rieur arrondi et retroussé dans la région antérieure, puis allongé dans le milieu et lentement relevé dans la région postérieure; sommets fortement rejetés vers la région antérieure, atteignant environ les trois quarts de la largeur totale, forts, saillants, renflés, un peu acuminés à leur origine; valves bien renflées dans tout leur ensemble et plus particulièrement dans la région antérieure, lentement atténuées vers la périphérie, avec le maxi-mum de bombement situé presque à la moitié de la hauteur totale; test très épais, solide, orné d'une vingtaine de côtes rayonnantes, assez fortes, un peu anguleuses à leur naissance, puis lentement et régulièrement ar-rondies jusqu'à leur extrémité, laissant entre elles des espaces intercostaux beaucoup plus étroits que leur épaisseur, peu profonds, portant surtout au voisinage de la périphérie des nodosités assez saillantes et transversa-lement allongées, formées par l'intersection des côtes avec les stries décur-rentes d'accroissement toujours plus fortes dans cette région.

Dimensions. Hauteur, 23 millimètres; largeur, 26 millimètres; épais-seur, 18 millimètres.

Obs. Le *Venericardia Coquandi* appartient à un groupe déjà riche en espèces et particulièrement développé dans les dépôts nummulitiques de l'Orient. D'Archiac et

---

[1] *Venericardia trigona* Leymerie (non auct.) *in Mém. Soc. géol. France*, 2° série, I, part. 1, 362, t. 15, fig. 8 [1846].

[2] *Venericardia planicosta* Lamarck *in Ann. Mus. Paris*, VII, 55; IX, t. 31, fig. 10 [1808]; Des-hayes *Coq. foss. env. Paris*, I, 149, t. 24, fig. 1 à 3 [1837].

J. Haime [1] ont signalé bon nombre de formes analogues dans les dépôts éocènes de l'Inde. Mais c'est plus particulièrement avec le *Cardita Peysoneli* de Coquand [2] des dépôts tertiaires de la province de Constantine que notre *V. Coquandi* offre le plus d'analogie. Rapproché de cette espèce, on le distinguera : à son galbe moins haut, plus ovalaire, plus renflé dans son ensemble ; à son bord inférieur plus allongé ; à sa région postérieure plus nettement tronquée ; à ses sommets plus larges et plus infléchis sur la région antérieure ; à ses côtes plus nombreuses et chargées de nodosités plus accusées, etc.

Oued El-Aachen ; niveaux à phosphates. — Djebel Blidji.

Venericardia Thomasi nov. sp., pl. VIII, fig. 9.

Coquille de taille assez petite, d'un galbe assez arrondi, un peu renflé, équivalve, inéquilatéral ; région antérieure courte, assez étroite, bien arrondie, presque médiane ; région postérieure peu développée, assez haute, obtusément tronquée à son extrémité, un peu arrondie dans son ensemble ; bord inférieur largement arrondi, bien retroussé à ses deux extrémités ; sommets fortement rejetés vers la région antérieure, saillants et renflés dès leur origine, s'épanouissant rapidement et largement ; valves bien bombées, avec le maximum de bombement presque exactement médian, un peu atténué à la périphérie ; test solide, épais, orné d'une dizaine de côtes subégales, arrondies, un peu élargies à leur extrémité, assez saillantes, laissant entre elles des espaces intercostaux un peu plus petits que leur épaisseur, et à fond arrondi ; stries d'accroissement décurrentes fines, peu saillantes, assez rapprochées, recouvrant tout le test, plus accusées à la périphérie.

DIMENSIONS. Hauteur, 22 millimètres ; largeur, 22 millimètres ; épaisseur, 14 millimètres.

OBS. Cette espèce, voisine de la précédente, se rapproche encore davantage du *Cardita Peysoneli* de la province de Constantine ; elle s'en distingue : par son galbe plus arrondi dans son ensemble et moins triangulaire ; par ses régions antérieure et postérieure plus hautes ; par ses sommets moins acuminés, s'épanouissant plus rapidement dès leur naissance ; par ses costulations moins grosses, plus régulières, etc.

Djebel Stah (Kef Allou-Seïf) ; calcaires marneux de la base du Suessonien et à lumachelle. — Djebel Blidji, base nord ; calcaires durs très siliceux. — Midès ; calcaires siliceux blancs de la base des marabouts.

---

[1] D'Archiac et J. Haime *Descript. anim. foss. Inde,* 251 à 256 [1853].

[2] *Cardita Peysoneli* H. Coquand *Géol. et paléont. prov. Constantine,* 270, t. 30, fig. 23 et 24 [1863].

Genre **CARDITA**.

Cardita Bruguière *Encyclop. méthod.*, 401 [1789].

Cardita amygdaloïdes nov. sp., pl. VIII, fig. 10.

Coquille de taille assez forte, d'un galbe amygdaloïde, transversalement ovalaire, assez allongé, un peu renflé, équivalve, très inéquilatéral; région antérieure un peu courte, bien arrondie, régulièrement développée; région postérieure sensiblement égale à une fois et demie la région antérieure, un peu tombante à son extrémité, obtusément rostrée; bord inférieur allongé, largement elliptique, presque également retroussé à ses deux extrémités; sommets rejetés vers la région antérieure, atteignant environ le tiers de la largeur totale, renflés, saillants, s'élargissant rapidement dès leur naissance; valves régulièrement bombées dans tout leur ensemble, avec le maximum de bombement sensiblement médian; test solide, très épais, orné de douze à quinze côtes assez fortes, assez saillantes, sub-égales, parfois un peu noduleuses, un peu étroites mais arrondies à leur origine, s'élargissant rapidement à leur extrémité, tout en restant un peu arrondies; espaces intercostaux un peu plus étroits que l'épaisseur des côtes, à fond également arrondi; stries d'accroissement décurrentes assez fortes, très rapprochées, inégales, devenant plus nombreuses dans la région basale, recouvrant la totalité du test.

Dimensions. Hauteur, 30 millimètres; largeur, 39 millimètres; épaisseur, 23 millimètres.

Obs. Cette belle espèce présente quelque analogie avec le *Cardita Sablieri* de Coquand [1], de l'Éocène de la province de Constantine. On distinguera notre *Cardita amygdaloides* : à sa taille plus forte, à son galbe plus régulier; à sa région postérieure moins développée dans le sens de la longueur; à sa région apico-rostrale moins haute; à ses côtes plus fortes, plus élargies dans le bas, etc. Nous signalerons sous le nom de variété *nodulosa* une forme dans laquelle les côtes, à leur rencontre avec les stries d'accroissement, forment dès la région des sommets et jusqu'à la périphérie des saillies noduleuses un peu irrégulières, assez fortes, qui donnent au test un facies tout particulier. Cette variété paraît être associée au type.

Commun : Djebel Stah (Kef Allou-Seïf); calcaires marneux de la base de l'Éocène. — Djebel Blidji, versant nord; au contact du Suessonien.

Cardita orthogona nov. sp., pl. VIII, fig. 11.

Moule intérieur d'une coquille de grande taille, d'un galbe rectangulaire, un peu allongé transversalement, à angles assez fortement accusés, peu renflé dans son ensemble; région antérieure haute mais peu large,

---

[1] *Cardita Sablieri* Coquand *Géol. et paléont. prov. Constantine*, 271, t. 30, fig. 21 et 22 [1862].

un peu retroussée dans le bas, à profil largement arrondi; région postérieure très développée, un peu plus haute que la région antérieure;
comme tronquée à son extrémité, avec un profil légèrement oblique, anguleux dans le haut et dans le bas; bord inférieur droit, très allongé,
arrondi à ses deux extrémités; sommets très fortement rejetés vers la région antérieure, atteignant presque le cinquième de la largeur totale, acuminés à leur origine, s'élargissant ensuite rapidement; maximum de bombement situé environ aux deux cinquièmes de la hauteur totale à partir
des sommets, et reporté vers le premier tiers antérieur, lentement atténué
jusqu'à la périphérie; crête postéro-dorsale bien accusée, assez développée; empreintes musculaires fortes et saillantes; sur le bord inférieur, on
distingue les empreintes de côtes aplaties, assez larges, très rapprochées.

Dimensions. Hauteur, 35 millimètres; largeur, 55 millimètres; épaisseur, 20 millimètres.

Obs. Quoique cette forme ainsi que les suivantes ne nous soient encore connues
que par des moulages en général assez bien conservés, leurs types sont tellement
caractéristiques que nous avons cru devoir néanmoins en donner la description.
Sur un échantillon, un peu déformé il est vrai, nous retrouvons une partie du test
montrant la présence de côtes rayonnantes très rapprochées, fortes, régulières,
très aplaties, laissant entre elles un étroit sillon peu profond. Notre *Cardita orthogona* devait très vraisemblablement offrir quelque analogie avec le *C. Nicaisei* de
Coquand [1] des dépôts de l'étage santonien ou du Doukkan en Afrique. Mais il
s'en distingue : par son galbe plus régulièrement rectangulaire; par son bord
inférieur plus droit et plus allongé; par sa crête postéro-dorsale plus haute et plus
développée; par ses côtes plus rapprochées, etc.

Oued El-Aachen; Éocène inférieur.

Cardita irregularis nov. sp., pl. VIII, fig. 12.

Moule intérieur d'une coquille de grande taille, d'un galbe irrégulièrement subarrondi, assez comprimé, équivalve, inéquilatéral; région antérieure peu large, assez haute et surtout très retroussée; région postérieure
un peu plus développée en largeur que la région antérieure et encore plus
haute, très tombante dans le bas, ce qui donne à la coquille un facies
des plus irréguliers, hautement tronqué sur le flanc postérieur; bord inférieur à direction très oblique, très retroussé dans sa partie antérieure,
arrondi dans son ensemble; sommets rejetés vers la région antérieure,
atteignant les deux cinquièmes environ de la largeur totale, acuminés à
leur origine, puis assez largement épanouis; maximum de bombement

---

[1] *Cardita Nicaisei* Coquand *Géol. et paléont. prov. Constantine,* 401, t. 9, fig. 8 à 10 [1862].

reporté dans le voisinage des sommets, graduellement atténué jusqu'à la périphérie; empreintes musculaires fortes et saillantes; sur le bord inférieur, on distingue vaguement les empreintes de côtes assez grosses, aplaties et très rapprochées.

DIMENSIONS. Hauteur, 41 millimètres; largeur, 40 millimètres; épaisseur, 20 millimètres.

OBS. De tous les *Cardita* de l'Éocène de la Tunisie, le *C. irregularis* est celui qui présente les caractères les plus transitoires entre les véritables *Cardita* et les *Venericardia*. Ce moulage, comparé à celui du *C. orthogona* des mêmes dépôts, se distinguera à son galbe plus arrondi, beaucoup moins allongé; à sa région antérieure notablement plus retroussée; à sa région postérieure plus courte et beaucoup plus haute; à son bord inférieur bien moins allongé et beaucoup plus tombant, etc.

Oued El-Aachen; Éocène inférieur.

Cardita megala NOV. SP., pl. VIII, fig. 15.

Moule intérieur de très grande taille, d'un galbe transversalement allongé, très renflé, équivalve, fortement inéquilatéral; région antérieure très haute, peu large, à profil presque droit ou légèrement arrondi dans le haut et dans la partie médiane, bien arrondi dans le bas; région postérieure très allongée, moins haute que la région antérieure, obliquement tronquée à son extrémité, avec la base du rostre dans l'alignement du bord inférieur; bord inférieur rectiligne, arrondi seulement vers la région antérieure; sommets forts, acuminés, saillants, fortement rejetés vers la région antérieure, atteignant les deux cinquièmes environ de la largeur totale; maximum de bombement presque médian, reporté un peu vers la région antérieure; impressions musculaires larges, faiblement accusées; sur le bord inférieur, on distingue très nettement les empreintes de côtes très grosses, aplaties, peu nombreuses, laissant entre elles des espaces intercostaux sensiblement égaux à leur épaisseur.

DIMENSIONS. Hauteur, 54 millimètres; largeur, 74 millimètres; épaisseur, 38 millimètres.

OBS. Cette grande et belle espèce, quoique à l'état de moulage, est très nettement caractérisée. Par son galbe très transverse, on peut la rapprocher du *Cardita orthogona* que nous avons précédemment décrit, mais on l'en distinguera : à sa taille notablement plus forte; à son galbe beaucoup plus renflé avec le maximum de bombement beaucoup plus médian; à sa région antérieure beaucoup plus haute, plus haute même que la région postérieure, ce qui a lieu inversement chez le *C. orthogona*; à ses côtes plus fortes, plus arrondies, plus espacées, moins nombreuses; à ses sommets plus obliques et plus renflés, etc.

Oued El-Aachen; Éocène inférieur.

Cardita triquetra nov. sp., pl. IX, fig. 5.

Moule intérieur d'une coquille de très grande taille, d'un galbe triangulaire un peu allongé dans le sens de la largeur, assez régulier, assez renflé; région antérieure un peu moins développée en largeur que la région postérieure, mais toutes deux hautes, obtuses dans le haut, arrondies dans le bas; bord inférieur droit sur une assez grande longueur, arrondi à ses deux extrémités; sommets bien acuminés à leur naissance, puis s'élargissant rapidement, rejetés vers la région antérieure, situés environ au tiers de la largeur totale; maximum de bombement reporté dans la région des sommets; empreintes musculaires fortes et assez saillantes; sur le bord inférieur, on distingue les empreintes de la partie interne de côtes assez nombreuses, un peu fortes, laissant entre elles des espaces intercostaux un peu plus petits que leur épaisseur.

DIMENSIONS. Hauteur, 70 millimètres; largeur, 76 millimètres; épaisseur, 40 millimètres.

Obs. Cette forme, qui est bien certainement nouvelle, peut servir de passage entre les *Venericardia* et les *Cardita*. Elle nous paraît se rapprocher du *Venericardia planicosta* Lamarck [1] de l'Éocène du bassin parisien, et plus encore du *V. trigona* Leymerie [2] des dépôts nummulitiques des Pyrénées. On la séparera de ces deux espèces : à sa taille encore plus forte; à son galbe moins renflé dans son ensemble, plus régulièrement triangulaire; à sa région antérieure notablement plus haute; à son bord inférieur moins arrondi; à ses sommets moins fortement rejetés vers la région antérieure, etc.

Djebel Teldja. — Oued El-Aachen; Éocène inférieur.

Cardita gonloidea nov. sp., pl. IX, fig. 6.

Moule intérieur d'une coquille de grande taille, d'un galbe subtrigone, bien renflé dans son ensemble; région antérieure haute, un peu étroite, à profil largement arrondi; région postérieure notablement plus allongée, plus étroite, tombante, arrondie ou très obtusément tronquée à son extrémité; sommets très hauts, très saillants, largement développés, assez fortement rejetés vers la région antérieure; maximum de bombement tout à fait supérieur, lentement atténué jusqu'à la périphérie; empreintes musculaires grosses et fortes, les antérieures un peu allongées; sur le bord inférieur, on distingue les empreintes de la partie interne de côtes grosses, peu nombreuses, arrondies, laissant entre elles des espaces intercostaux plus larges que leur épaisseur.

---

[1] *Venericardia planicosta* Lamarck *in Ann. Muséum Paris*, VII, 55; IX, t. 31, fig. 10; Deshayes *Descript. coq. foss. env. Paris*, I, 149, t. 24, fig. 1 à 3 [1837]. – *Cardita planicosta* Deshayes *Traité conch.*, I, pl. XXXII, fig. 1 à 3 [1842].

[2] *Venericardia trigona* Leymerie *in Mém. Soc. géol. France*, 1ʳᵉ série, I, 362, t. 15, fig. 8 [1846]. – *Cardita trigona* d'Orbigny *Prodr. paléont. franç.*, II, 323 [1847].

Dimensions. Hauteur, 55 millimètres; largeur, 6o millimètres; épaisseur, 35 millimètres.

Obs. Cette espèce est voisine de la précédente, mais elle s'en distingue : par sa taille plus petite; par son galbe plus renflé dans la région des sommets; par sa région antérieure plus arrondie, plus haute, plus retroussée; par sa région postérieure plus étroite; par ses côtes plus fortes, moins nombreuses, beaucoup plus espacées, etc.

Oued El-Aachen; Éocène inférieur. — Djebel Stah (Kef Allou-Seïf); calcaires marneux de la base.

Cardita abnormis nov. sp., pl. VIII, fig. 13.

Moule intérieur d'une coquille de grande taille, d'un galbe rhomboïdal assez régulier, un peu comprimé, équivalve, inéquilatéral; région antérieure haute, peu large, bien retroussée dans le bas; région postérieure un peu plus allongée, aussi haute dans la partie supérieure, mais plus tombante et plus développée dans le bas que la région antérieure, obliquement tronquée sur une assez grande hauteur; bord inférieur bien arrondi et un peu retroussé vers la région antérieure, puis droit ou presque droit dans sa partie médiane, légèrement arrondi vers le rostre; sommets saillants, acuminés, rejetés vers la région antérieure, atteignant les deux cinquièmes environ de la largeur totale; maximum de bombement reporté dans la région des sommets, assez rapidement mais progressivement atténué jusqu'à la périphérie; sur le bord inférieur, on distingue les empreintes internes de côtes grosses, saillantes, très rapprochées, peu nombreuses.

Dimensions. Hauteur, 45 à 81 millimètres; largeur, 5o à 85 millimètres; épaisseur, 35 à 43 millimètres.

Obs. D'après les dimensions que nous venons de donner, on voit que notre *Cardita abnormis* varie beaucoup de taille; à taille égale, comme galbe, notre espèce présente quelques rapports avec le *Cardita irregularis* que nous avons décrit précédemment; mais on distinguera notre *C. abnormis* : à son galbe notablement plus transverse, considération qui nous a conduit à en faire un véritable *Cardita* plutôt qu'un *Venericardia*; à sa région antérieure, beaucoup plus développée en hauteur, beaucoup moins retroussée dans le bas; à son bord inférieur bien droit et non pas oblique; à sa région postérieure plus développée, plus hautement tronquée, etc.

Djebel Teldja; calcaires marneux au-dessous du niveau à phosphorites.

Cardita nova nov. sp., pl. VIII, fig. 14.

Moule intérieur, en partie recouvert de son test, d'une coquille de grande taille, d'un galbe subtriangulaire, transversalement allongé, peu renflé, équivalve, assez inéquilatéral; région antérieure peu haute, arrondie, très inférieure; région postérieure environ deux fois plus développée que la région antérieure, également très tombante, avec la ligne

apico-rostrale très oblique; bord inférieur droit et allongé, presque également recourbé à ses deux extrémités; sommets acuminés à leur origine,
peu saillants, s'élargissant rapidement; valves peu renflées, avec le maximum de bombement reporté dans la région des sommets, progressivement atténué jusqu'à la périphérie; test orné de côtes rayonnantes très
fortes, peu nombreuses, aplaties à leur extrémité, séparées par des espaces intercostaux très étroits et peu profonds.

DIMENSIONS. Hauteur, 48 millimètres; largeur, 58 millimètres; épaisseur, 25 millimètres.

OBS. Le *Cardita nova* est intermédiaire entre le *C. megala* et le *C. abnormis;* il est
beaucoup moins renflé, plus triangulaire et moins allongé que le *C. megala*, avec
des côtes moins fortes et beaucoup plus rapprochées; comparé au *C. abnormis*,
il a un galbe moins rhomboïdal, avec la région antérieure plus basse, le bord
inférieur notablement plus allongé, la région postérieure moins haute, etc.

Djebel Teldja; calcaires marneux au-dessous des phosphates.

Cardita oxyta NOV. SP., pl. VIII, fig. 16.

Coquille de taille assez petite, d'un galbe ovalaire transversalement allongé, déprimé, équivalve, très inéquilatéral; région antérieure courte,
assez haute, bien arrondie; région postérieure très allongée avec une crête
postéro-dorsale assez haute et bien marquée, subtronquée à son extrémité; bord inférieur bien arrondi et un peu retroussé dans la région antérieure, ensuite largement arrondi; sommets très fortement rejetés vers
la région antérieure, atteignant environ les trois quarts de la largeur
totale, peu saillants, médiocrement renflés, s'élargissant rapidement;
valves peu renflées avec le maximum de bombement reporté dans le voisinage des sommets, lentement et progressivement atténué jusqu'à la périphérie; test solide, épais, orné d'une vingtaine de côtes rayonnantes
peu saillantes à leur origine, puis arrondies et assez fortes dans la partie
médiane, enfin un peu élargies et légèrement déprimées à leur extrémité,
laissant entre elles des espaces intercostaux à fond arrondi, un peu plus
étroits que leur épaisseur; stries d'accroissement décurrentes, assez accusées, irrégulières, très rapprochées à la périphérie.

DIMENSIONS. Hauteur, 14 millim.; largeur, 20 millim.; épaisseur, 8 millim.

OBS. Le *Cardita oxyta* se rapproche un peu du *C. Sablieri* de Coquand [1], de
l'Éocène de la province de Constantine; néanmoins, il en est facilement distinct :
par sa taille plus petite; par sa région antérieure plus courte, plus haute et plus
arrondie; par ses côtes rayonnantes plus nombreuses, plus saillantes et plus rapprochées, etc.

Oued El-Aachen; niveaux à phosphates.

---

[1] *Cardita Sablieri* Coquand *Géol. et paléont. prov. Constantine*, 271, t. 30, fig. 21 et 22 [1862].

Cardita depressa nov. sp., pl. VIII, fig. 18.

Coquille de taille assez petite, d'un galbe transversalement ovalaire, assez allongé, très déprimé, équivalve, fortement inéquilatéral ; région antérieure un peu courte, bien retroussée, à profil arrondi ; région postérieure très allongée, un peu moins haute et un peu moins retroussée que la région antérieure, comme rostrée, à peine tronquée à son extrémité ; bord inférieur très arrondi et retroussé à ses deux extrémités ; sommets peu saillants, comprimés, s'élargissant très rapidement dès leur naissance, fortement rejetés vers la région antérieure, atteignant environ le premier quart de la largeur totale ; valves très peu renflées, avec le maximum de bombement presque médian, très lentement et progressivement atténué jusqu'à la périphérie ; sur le test, on distingue au moins vingt-cinq côtes rayonnantes arrondies, subégales, assez fortes, un peu espacées.

Dimensions. Hauteur, 23 millimètres ; largeur, 35 millimètres ; épaisseur, 9 millimètres.

Obs. Cette forme est intermédiaire entre le *Cardita Sablieri* de Coquand et le *C. gracilis* que nous allons décrire ; on la distinguera du *C. Sablieri* : à sa taille plus forte, à son galbe notablement plus allongé ; à sa région antérieure plus retroussée ; à sa région postérieure plus rostrée ; à son bord inférieur à profil plus étroitement arrondi ; à ses costulations plus rapprochées et plus nombreuses, etc. Comparée au *C. gracilis,* on la reconnaîtra : à sa taille beaucoup plus forte ; à ses sommets moins saillants, plus larges, plus écrasés ; à son bord inférieur beaucoup moins allongé et moins droit ; à sa région antérieure plus retroussée, etc.

Djebel Teldja ; calcaires marneux inférieurs aux marnes à phosphorites.

Cardita gracilis nov. sp., pl. VIII, fig. 17.

Moulage intérieur d'une coquille de petite taille, d'un galbe transversalement très allongé, peu renflé, équivalve, très inéquilatéral ; région antérieure bien arrondie, presque aussi haute que large ; région postérieure très allongée, comme rostrée à son extrémité ; bord inférieur arrondi et retroussé dans la région antérieure, presque droit ou à peine relevé à l'extrémité de la région postérieure ; sommets assez saillants, un peu forts, fortement rejetés vers la région antérieure, un peu comprimés à leur origine ; maximum de bombement situé au premier tiers de la largeur totale et reporté un peu dans le voisinage des sommets ; test orné d'une vingtaine de côtes rayonnantes, subégales, assez saillantes, laissant entre elles des espaces intercostaux plus étroits.

Dimensions. Hauteur, 8 millim. ; largeur, 12 millim. ; épaisseur, 5 millim.

Obs. Le *Cardita gracilis* représente la plus petite forme des nombreux *Cardita* de la Tunisie ; quoique nous ne le connaissions que par des moulages, sa taille, son galbe sont tellement caractéristiques que nous n'avons pas hésité à le décrire.

Très commun : Djebel Teldja, Midès, Chebika ; marnes brunes à phosphorites.

LUCINIDÆ.

GENRE LUCINA.

Lucina Bruguière *Encycl. méth.*, tab. 284 [1792].

Lucina Letourneuxi NOV. SP., pl. VIII, fig. 19.

Coquille d'un galbe subarrondi, transversalement ovalaire, équivalve, inéquilatéral, extrêmement déprimé; région antérieure un peu étroite, assez haute, à profil bien arrondi; région postérieure bien développée, un peu plus allongée que la région antérieure, avec une crête postéro-dorsale large, assez haute, un peu amincie, comme tronquée à son extrémité, bordée par une crête apico-rostrale très émoussée, plus visible et plus accusée sur les moulages internes qu'à l'extérieur du test; bord inférieur un peu court, retroussé dans la région antérieure, puis bien arrondi; ligne apico-antérieure plus courte et un peu plus relevée que la ligne apico-postérieure; sommets très peu saillants, s'élargissant très rapidement, légèrement rejetés vers la région antérieure; valves très déprimées, avec le maximum de bombement sensiblement médian; stries concentriques, assez fortes, irrégulières, assez rapprochées.

DIMENSIONS. Hauteur, 24 à 28 millimètres; largeur, 27 à 33 millimètres; épaisseur, 8 à 9 millimètres.

OBS. Nous dédions cette espèce à M. le conseiller Letourneux, membre de la Mission de l'exploration scientifique de la Tunisie. Elle est voisine du *Lucina Mœvusi* de Coquand [1], des dépôts tertiaires de la province de Constantine. Elle se distingue de cette dernière espèce : à son galbe plus régulier; à ses valves beaucoup plus comprimées dans tout leur ensemble; à sa crête postéro-dorsale bien moins accusée, plus visible à l'intérieur des valves qu'à l'extérieur; à ses sommets moins saillants, etc.

En dehors du type tel que nous venons de le décrire, nous instituerons une variété *ovata* caractérisée, comme son nom l'indique, par un galbe encore plus allongé transversalement.

Djebel Stah (Kef Allou-Seïf); calcaires marneux de la base de l'Éocène.

Lucina protumida NOV. SP., pl. IX, fig. 8.

Coquille de taille moyenne, d'un galbe général bien arrondi, très renflé; région antérieure un peu moins haute, mais presque aussi développée que la région postérieure, toutes deux à profil externe largement arrondi; crête apico-rostrale très émoussée, peu haute, à peine accusée; bord inférieur largement arrondi, puis bien retroussé à ses deux extrémités; som-

---

[1] *Lucina Mœvusi* H. Coquand *Géol. et paléont. prov. Constantine*, 269, t. 30, fig. 17 et 18 [1862].

mets peu saillants, très obtus, légèrement inclinés vers la région antérieure; valves très renflées, avec le maximum de bombement reporté dans
le voisinage des sommets, brusquement atténué à la périphérie; test orné
de stries concentriques assez grossières, inégales, un peu irrégulières,
assez rapprochées, peu saillantes.

DIMENSIONS. Hauteur, 26 millimètres; largeur, 27 millimètres; épaisseur, 18 millimètres.

OBS. Par son mode d'ornementation, notre nouvelle espèce se rapproche du
Lucina Letourneuxi, mais elle s'en distingue très aisément par son galbe beaucoup plus court, beaucoup plus renflé, notablement plus arrondi, etc.

Chebika; calcaires marneux inférieurs aux marnes à phosphorites.

Lucina discoidea NOV. SP., pl. IX, fig. 9.

Moule intérieur d'une coquille de taille assez petite, d'un galbe discoïde, subarrondi, un peu plus développé dans le sens de la largeur que
dans celui de la hauteur, très déprimé, équivalve, subéquilatéral; régions
antérieure et postérieure subégales, très relevées, à profil bien arrondi
surtout dans le bas; bord inférieur un peu allongé, arrondi; sommets très
aplatis, s'élargissant rapidement; valves peu bombées, avec le maximum de
bombement presque médian; impressions musculaires petites, assez fortes.

DIMENSIONS. Hauteur, 23 millimètres; largeur, 26 millimètres; épaisseur, 11 millimètres.

OBS. Quoique cette forme ne nous soit encore connue que par de simples moulages internes, ils nous paraissent jouer un rôle assez important dans l'horizon
stratigraphique qu'ils occupent, et ils sont si bien caractérisés que nous avons cru
devoir les dénommer spécifiquement, malgré leur mauvais état de conservation.

Cette espèce, si bien caractérisée par son galbe discoïde, un peu ovalaire transversalement et si fortement déprimé, ne peut être confondue avec aucune des
formes précédentes.

Commun : Foum El-Teldja; marnes gypseuses à nodules ferrugineux de la base
de l'étage éocène.

PECTINIDÆ.
GENRE PECTEN.

Pecten (Pline) Müller *Zool. Dan. Prodr.,* 31 [1776].

Pecten Tunetanus NOV. SP., pl. X, fig. 1.

Coquille de grande taille, d'un galbe arrondi, un peu allongé dans le
sens de la hauteur, sensiblement équivalve et équilatéral, très comprimé,
à peine bombé; maximum de bombement reporté dans le voisinage des
sommets; test mince, fragile, complètement lisse à l'extérieur, sans aucune
côte, orné seulement par quelques stries d'accroissement à peine sen-

sibles, visibles surtout dans la région inférieure ; sommets aigus, peu saillants ; lignes apico-antérieure et postérieure formant entre elles un angle de 115 degrés environ ; bord inférieur mince, tranchant, continu, largement arrondi ; oreilles subégales, peu allongées, assez hautes, portant quelques ondulations longitudinales.

DIMENSIONS. Hauteur, 72 millimètres ; largeur, 70 millimètres ; épaisseur, 18 millimètres.

OBS. Cette grande et belle coquille appartient au groupe des *Amussium* [1], ancien groupe des *Pleuronectia* [2], dont quelques auteurs ont fait un genre à part détaché des véritables *Pecten* [3]. Ce groupe, comme on le sait, est caractérisé par un test mince, lisse à l'extérieur, et orné en dedans des valves par des costulations rayonnantes plus ou moins saillantes et espacées, n'atteignant pas la périphérie. A la vérité, nous n'avons pas pu constater la présence de ces costulations caractéristiques ni sur le test à l'intérieur des valves, ni même sur leur empreinte. Mais d'après le galbe, l'allure, la manière d'être de ce test, il y a tout lieu de croire que ces costulations internes, sans doute peu accusées, devaient néanmoins exister.

Notre nouvelle espèce se rapproche incontestablement des formes rapportées à tort ou à raison au *Pecten corneus* de Sowerby [4], des dépôts éocènes d'Angleterre, de Belgique, de l'Inde, etc. Par sa grande taille, notre coquille présente une certaine analogie avec la forme figurée par d'Archiac et J. Haime [5] sous ce même nom, et que nous croyons différente du type du nord de l'Europe. Mais elle en diffère : par son galbe moins arrondi, par son angle au sommet notablement moins ouvert, par ses oreilles plus allongées et plus hautes, par son intérieur moins fortement sculpté puisque nous n'en voyons pas de traces apparentes sur les moulages, tandis qu'on les distingue si nettement sur le type de l'Inde, etc.

Aïn-Cherichira ; dépôts calcaréo-gréseux à Échinides et à Nummulites.

Pecten nucalis NOV. SP., pl. X, fig. 2.

Coquille de taille moyenne, d'un galbe subarrondi très renflé, très globuleux, subéquivalve (?), très sensiblement équilatéral ; sommets forts, arqués, un peu comprimés latéralement, très saillants et très renflés dans le sens de la hauteur, fortement recourbés et acuminés à leur extrémité ; valves très bombées avec le maximum de bombement reporté aux deux cinquièmes de la hauteur totale à partir des sommets ; bord inférieur bien arrondi, à profil légèrement et finement ondulé ; lignes apico-antérieure et postérieure subégales, à profil légèrement concave, atteignant environ la moitié de la hauteur totale ; oreilles petites, subégales (?) ; test un peu mince, assez solide, orné de côtes rayonnantes au nombre d'au

[1] *Amusium* (pro *Amussium*) Rumphius *Thes. test.*, 10, t. 45, fig. A, B [1711].

[2] *Pleuronectia* Swainson *Malac.*, 388 [1840].

[3] *Vide* A. Locard *Contrib. faune malac. française*, fasc. XI, 10 et seq. [1888].

[4] *Pecten corneus*, *Miner. conch.*, II, 1, t. 214 [1818].

[5] D'Archiac et J. Haime *Descr. anim. foss. Inde*, 269, t. 23, fig. 10 et 11 [1853].

moins vingt-cinq, subégales, très régulières, fines et arrondies dans le voisinage des sommets, légèrement méplanes en dessus vers le bord inférieur, laissant entre elles des espaces intercostaux assez profonds et un peu plus étroits que l'épaisseur des côtes; entre les côtes, on distingue des striations décurrentes squameuses, assez saillantes, fines, rapprochées, légèrement flexueuses et qui doivent sans doute passer par-dessus les côtes chez les échantillons frais, bien conservés, au moins sur la valve supérieure.

Dimensions. Hauteur, 23 à 33 millimètres; largeur, 23 à 34 millimètres; épaisseur, 7 à 12 millimètres [1].

Obs. Nous avons éprouvé quelque embarras pour définir exactement le galbe général de cette espèce, par suite du mauvais état de conservation ou parfois même de l'absence totale de ses oreilles; est-elle équivalve ou inéquivalve? Les valves que nous avons examinées sont toutes extrêmement bombées et se rapprochent assez bien, comme galbe et comme mode d'ornementation, de la valve inférieure du *Pecten Michelotti* de d'Archiac [2], des dépôts nummulitiques des Pyrénées; d'autre part, on peut également les rapprocher de certaines variétés très globuleuses du *P. commutatus* de Monterosato [3], de la faune actuelle de la Méditerranée. Or, le *P. Michelotti* est absolument inéquivalve, la valve supérieure étant complètement plane, tandis que le *P. commutatus* est au contraire sensiblement équivalve. D'après le moulage interne d'un jeune individu recueilli dans les mêmes dépôts et conservant encore sur les bords la trace d'une ornementation qui nous paraît être conforme à celle des valves isolées que nous venons de décrire, nous sommes porté à croire que notre espèce devait être équivalve ou tout au moins subéquivalve. Ajoutons que nous n'avons pas trouvé trace de valves plates. Nous avons donc été conduit à désigner cette forme sous le nom de *P. nucalis* pour rappeler son galbe si caractéristique.

Commun : Aïn-Cherichira; calcaires gréseux à Échinides et à Nummulites.

Pecten subtripartitus d'Archiac. - *Pecten tripartitus* (*non* Deshayes) d'Archiac *in Mém. Soc. géol. France*, 2ᵉ sér., II, 210 [1846]. - *P. subtripartitus* d'Archiac *in Mém. Soc. géol. France*, 2ᵉ sér., III, 434, t. 12, fig. 14 à 16 [1847]. — Pl. X, fig. 3, var. β. — Pl. X, fig. 4, *juv.*

Obs. Cette espèce, dont la spécification nous paraît incontestable, présente un mode d'ornementation très variable, pour un galbe constant, rappelant ainsi les variations ornementales du *Pecten opercularis* [4] de la faune actuelle de la Médi-

---

[1] Pour une demi-valve seulement.
[2] *Pecten Michelotti* d'Archiac *in Bull. Soc. géol. France*, 2ᵉ série, IV, 1010 [1847], *et in Mém. Soc. géol. France*, 2ᵉ sér., III, 2ᵉ part., 435, t. 12, fig. 20 et 21 [1850].
[3] *Pecten commutatus* de Monterosato *Poche note conch. medit.*, p. 6 [1875]; Locard *Contr. faune malac. franç.*, 57 [1888].
[4] *Ostrea opercularis* L. *Syst. nat.*, édit. 10, 698 [1758]; *Pecten opercularis* Locard *loc. cit.*, 49 [1888].

terranée et de l'Océan. Déjà d'Archiac a figuré deux de ces formes appartenant aux dépôts nummulitiques des Pyrénées. Nous retrouvons dans les dépôts du même âge en Tunisie le type tel qu'il est compris et figuré par ce savant auteur, et dans lequel chacune des côtes rayonnantes est constituée par le groupement d'une costulation médiane subarrondie, flanquée de chaque côté de deux ou trois autres costulations plus petites, bien distinctes, bien séparées, le tout recoupé par des imbrications flexueuses, discontinues, fines, rapprochées, plus accusées dans les espaces intercostaux que dans la partie médiane et saillante de chaque côte.

A la suite de la variété α figurée par d'Archiac, nous instituerons une seconde variété, la variété β, dans laquelle il n'existe pas, à proprement parler, de costulations secondaires plus petites. Chaque côte, dans cette nouvelle variété, est une, mais tout en portant sur les côtés un sillon obsolète qui la divise en trois parties égales ; la partie centrale est bien arrondie, tandis que les parties latérales sont à peine séparées dans l'ensemble de la courbure ; l'espace intercostal est arrondi et sensiblement égal à l'épaisseur des côtes ; tout l'ensemble est orné d'imbrications distinctes, ne s'étendant pas au delà des limites tracées par le sillon ; ces imbrications sont plus fortes, plus saillantes, mais tout aussi rapprochées que dans le type.

Commun : type et *var.* β, Aïn-Cherichira ; calcaires gréseux à Échinides et à Nummulites.

SPONDYLIDÆ.

Genre PLICATULA.

Plicatula Lamarck *Syst. anim.*, 132 [1801].

Plicatula decorata nov. sp., pl. X, fig. 5.

Coquille de taille assez petite, d'un galbe subtriangulaire, arrondi, très déprimé, inéquivalve, inéquilatéral ; région antérieure plus haute mais moins développée que la région postérieure, toutes deux à profil bien arrondi ; bord inférieur également arrondi, mais rejeté vers la région postérieure ; sommets très anguleux, acuminés, très peu saillants dans leur ensemble ; valve inférieure peu profonde, ornée à l'extérieur de costulations rayonnantes arrondies, assez fines, flexueuses, un peu irrégulières, partant des sommets pour atteindre la périphérie, interrompues surtout dans le bas par des lignes concentriques d'accroissement, et formant des imbrications plus ou moins saillantes ; valve supérieure presque complètement plane, ornée en dessous de costulations rayonnantes, relevées sur leur longueur sous forme d'épines fines, saillantes, arrondies, rapprochées, irrégulières ; entre ces costulations qui sont toujours rapprochées et flexueuses, il existe un second régime de costulations plus petites, un peu noduleuses, parfois obsolètes.

DIMENSIONS. Hauteur, 30 millimètres ; largeur, 19 millimètres ; épaisseur, 6 millimètres.

Obs. Parmi les antres *Plicatula* connus, nous ne voyons que le *Plicatula Cailliaudi*, de Bellardi [1], des dépôts nummulitiques du comté de Nice, qui puisse être rapproché du *P. decorata*. Notre nouvelle espèce s'en distinguera : à son galbe généralement moins arrondi, avec la région antérieure plus haute, plus retroussée; à ses valves notablement plus déprimées dans leur ensemble; à son mode d'ornementation tout différent, etc.

Très commun : Oued El-Aachen; limite inférieure de l'Éocène.

ANOMIIDÆ.

Genre **PLACUNA**.

Placuna Solander *in* Chemnitz *Syst. conch. cab.*, VIII, 116 [1785].

Placuna cymbalea nov. sp., pl. X, fig. 6.

Coquille de grande taille, d'un galbe très déprimé, bien arrondi, subéquivalve, très inéquilatéral; sommets peu saillants, obtusément acuminés, visibles surtout sur la valve supérieure; apophyse chondrophore de la valve inférieure très forte, très saillante, en forme d'accent circonflexe un peu ouvert; foramen petit, arrondi; impression musculaire presque centrale, profonde, grande et transversalement ovalaire; test assez épais, feuilleté, orné sur les deux valves de stries concentriques un peu onduleuses, assez irrégulières, inéquidistantes, relevées par des stries rayonnantes très fines, très rapprochées, inégales, un peu flexueuses, plus accusées vers le bord inférieur de chaque strie concentrique que dans le haut; intérieur lisse, brillant, nacré.

Dimensions. Hauteur, 95 millimètres; largeur, 100 millimètres; épaisseur, 30 millimètres.

Obs. M. Théodore Fuchs a déjà signalé dans les dépôts miocènes de l'Égypte et de la Libye [2] l'existence d'un grand et beau *Placuna* certainement voisin de celui que nous venons de décrire, quoique moins ancien géologiquement. Notre *Placuna cymbalea* se distinguera du *P. miocenica* : par son galbe beaucoup plus arrondi; par son apophyse chondrophore plus aplatie, ayant la forme d'un accent circonflexe et non celle d'un A; par son empreinte ligamenteuse plus forte, plus élargie et surtout beaucoup plus ovalaire dans le sens transversal.

Si, comme l'a établi M. le docteur P. Fischer [3], le foramen des *Placuna* doit être complètement comblé lorsque les individus sont parvenus à l'âge adulte, c'est-à-dire lorsqu'ils ont acquis leur maximum de développement, il faudrait en conclure que

---

[1] *Plicatula Cailliaudi* Bellardi *in Mém. Soc. géol. France*, 2ᵉ sér., IV, 256, t. 20 [1851].

[2] *Beiträge zur Kenntniss der Miocaen Fauna Ægyptens und der Libyschen Wüste* Th. Fuchs *in Palæontographica*, XXX, p. 26, t. 13, 8, fig. 1-4.

[3] P. Fischer *Manuel de conchyliologie*, 933, fig. 700 à 701 [1886].

les dimensions de nos échantillons, telles que nous les avons inscrites, doivent encore être dépassées. En effet, même sur ces grandes valves au test très épais, portant une impression musculaire des plus profondément accusées, on distingue encore très nettement en dedans et en dehors de la valve inférieure, au-dessous de l'apophyse chondrophore, un foramen arrondi, bien nettement caractérisé. Il est donc probable que ce foramen ne finit par s'atrophier qu'à une époque très avancée de la vie de l'animal, au moins chez notre espèce.

Djebel Nasser-Allah ; marnes inférieures aux calcaires gréseux à Nummulites.

OSTREIDÆ.

Genre OSTREA.

Ostrea Lister *Hist. anim.*, lib. III, part. 1 [1686].

Ostrea Clot-Bey1 Bellardi [1] *Catal. ragion. fossili nummul. Egitto, in Mem. reale Accadem. scienze*, XV, 27, t. 3, fig. 4 et 5 [1885].

« Cette espèce est très répandue en Tunisie. M. Rolland l'a recueillie près du Djebel Ousselet et au Djebel Feidja ; M. Thomas nous l'a communiquée de plusieurs localités, Djebel Blidji, Oued El-Aachen, Aïn-Cherichira, etc. ; enfin M. Le Mesle l'a également rencontrée dans le tertiaire inférieur des environs du Kef. Il est étonnant que cette espèce si répandue en Tunisie et en Égypte n'ait pas encore été signalée en Algérie.

« Tous les gisements connus de l'*Ostrea Clot-Beyi* appartiennent au terrain éocène inférieur. Elle s'y rencontre avec une autre espèce plus abondante encore que l'on rapporte généralement à l'*O. multicostata* Leymerie [2] (*O. strictiplicata* Raulin).

« L'*Ostrea Clot-Beyi* est une espèce bien caractérisée. Elle a été établie en 1854 par Bellardi dans son catalogue raisonné des fossiles nummulitiques d'Égypte. Voici la diagnose qu'en donne cet auteur : « *Testa crassissima, suborbiculari, valva « inferiore arcuata, late et profunde 4-5 costata ; costis elevatis, acutis carinatis, sæpe « dichotomis, laciniosis ; callo longiusculo, excavato ; impressione musculari profunda « semicirculari, prope marginem pallealem vix obliqua.* »

« Cette description est appuyée de deux bonnes figures et s'adapte très bien à nos exemplaires de Tunisie.

« Il existe toutefois dans la description de Bellardi quelques lacunes qu'il importe de faire disparaître. Tout d'abord, la valve supérieure de l'*O. Clot-Beyi* ne semble pas avoir été connue de Bellardi et cette lacune est d'autant plus importante que, comme on le sait, dans les Huîtres tertiaires cette valve diffère habituellement beaucoup de la valve inférieure. En outre, en raison de la rareté de ses exemplaires, Bellardi n'a pu observer les importantes variations que présentent certains individus de son espèce. Aussi, pour s'adapter convenablement à l'ensemble de nos nombreux individus, la diagnose ci-dessus réclame quelques modifications

---

[1] L'étude de l'*Ostrea Clot-Beyi* que nous donnons ici est due à M. A. Peron.

[2] *Vide postea*, p. 57.

et des renseignements complémentaires. Nous pensons en conséquence qu'il est utile de reprendre la description de l'espèce.

«L'*Ostrea Clot-Beyi* est une Huître de taille médiocre atteignant rarement 5 à 6 centimètres de longueur. La valve inférieure est épaisse, renflée, gibbeuse, foliacée. La valve supérieure est également assez épaisse, légèrement convexe.

«La forme générale est subtriangulaire; la partie antérieure est habituellement saillante et assez acuminée. Cependant de nombreux individus montrent une surface d'attache plus ou moins large et alors la coquille tend à prendre une forme plus arrondie et élargie. Un bon nombre d'exemplaires présentent le crochet légèrement incurvé du côté anal. D'autres, étroits dans leur ensemble, présentent un crochet recourbé dans le même plan et une forme gryphoïde.

«Parfois des exemplaires présentent une expansion anale assez prononcée.

«La valve inférieure est constamment ornée de quatre ou cinq grosses côtes, espacées, non épineuses, plus ou moins carénées, souvent irrégulières, présentant des saillies anguleuses et des chutes brusques. Ces côtes, peu prononcées dans le jeune âge, s'accentuent considérablement chez les adultes.

«La valve supérieure, au lieu d'être lisse et garnie seulement de stries concentriques, comme dans la plupart des espèces tertiaires, reproduit au contraire les côtes de la grande valve, mais ces côtes y sont moins saillantes et plus arrondies.

«Dans la partie plus ou moins lisse qui avoisine le sommet, on remarque, sur quelques rares exemplaires bien conservés, de fines et nombreuses stries rayonnantes qui partent du crochet et s'arrêtent aux premières lames concentriques.

«La cavité intérieure est peu profonde; le bord intérieur des deux valves est fortement crénelé dans la moitié antérieure; cette crénelure s'atténue beaucoup et disparaît même parfois dans la moitié postérieure.

«La fossette ligamentaire est courte, peu profonde, triangulaire, parfois infléchie du côté anal suivant la courbure du crochet.

«L'empreinte musculaire est profonde sur la ligne antérieure semi-lunaire, occupant en largeur presque la moitié de la cavité interne du côté anal.

«L'*O. Clot-Beyi* est une espèce d'une forme exceptionnelle dans le terrain tertiaire inférieur. Elle a incontestablement plus d'affinités avec les espèces crétacées qu'avec les espèces tertiaires.

«Ces dernières en effet, qui composent en grande partie le groupe des Flabellulées, présentent généralement une valve inférieure garnie de côtes ou plis rayonnants; leur valve supérieure lisse est simplement garnie de lamelles ou stries concentriques. C'est là au contraire une forme très rare dans le terrain crétacé. Dans cette forme particulière, on peut ranger l'*O. lingularis* du Cénomanien de la Sarthe, l'*O. falco* de l'Urgo-Aptien d'Algérie, l'*O. cassandra* de l'Aptien d'Espagne, l'*O. Cotteaui* du Néocomien de l'Yonne, soit quatre espèces sur trois cents connues dans le terrain crétacé cénomanien.

«Parmi les espèces du tertiaire inférieur qui, comme l'*O. Clot-Beyi*, présentent une valve supérieure costulée et ont un facies plus crétacé que tertiaire, nous ne connaissons que l'*O. Martinii* d'Archiac du terrain nummulitique de Biarritz;

mais cette espèce se distingue complètement par sa forme plus déprimée, plus arrondie et ses côtes plus nombreuses [1].

« Dans le Sénonien supérieur d'Algérie, il existe au contraire plusieurs espèces d'Huîtres qui se rapprochent beaucoup de l'*Ostrea Clot-Beyi*. Quelques-unes des variétés de cette dernière offrent tout d'abord une certaine ressemblance avec l'*O. Nicaisei* Coquand; mais ces variétés sont relativement rares. Les valves supérieures toutefois montrent cette ressemblance à un haut degré et, quand ces valves sont isolées, elles peuvent donner lieu à une confusion. Il ne nous paraît pas impossible que Bellardi n'ait lui-même décrit cette valve supérieure comme espèce distincte.

« La variété très renflée, à côtes coudées sur elles-mêmes et tombant brusquement sur la région palléale, offre une extrême analogie avec certaines Huîtres du Sénonien inférieur que nous avons recueillies dans les environs de Bordj-bou-Areridj. Nous signalerons notamment celles figurées par Coquand *Monogr.*, t. 38, fig. 11-12.

« Ces Huîtres ont été rapportées par Coquand à l'*O. semiplana* Sowerby, et, en fait, il est réel qu'elles peuvent être reliées par une série d'intermédiaires à d'autres formes qui rappellent assez bien le type de la craie du Nord et principalement cette Huître que Coquand a distinguée sous le nom d'*O. Devillei* (*Monogr.*, t. 38, fig. 16-21), et qui ne semble être qu'une variété de l'*O. semiplana*. Mais si l'on ne possédait que les individus en question, l'idée de les assimiler à l'espèce de Sowerby viendrait difficilement.

« Pour notre compte, nous ne sommes pas éloigné de rapprocher notre petite Huître d'Algérie de l'*Ostrea arcotensis* Stoliczka de l'Arnaloor Group de l'Inde, où elle se trouve avec l'*O. larva* et plusieurs autres compagnons habituels.

« L'*Ostrea Clot-Beyi* présente avec les Huîtres dont nous parlons quelques différences assez constantes. Elle est moins triangulaire, plus oblique, plus étroite au crochet, en général plus grande, et enfin sa valve supérieure présente des plis moins profonds.

« A. Peron. »

Ostrea strictiplicata V. Raulin et J. Delbos. - *Ostrea multicostata* Leymerie *Terrain épicrétacé des Corbières*, 38 (*non* Deshayes) [1831]. - *O. Bellovacina* var. *a* Deshayes *Descr. coq. foss. env. Paris*, t. 4, fig. 6 [1835]. - *O. strictiplicata* V. Raulin et J. Delbos *in Bull. Soc. géol. France*, 1158 [1835]. — Pl. X, fig. 7, *typ.*; fig. 8, var. *gryphoides.* — Pl. XI, fig. 1, var. *major;* fig. 2 et 3, var. *rotundata;* fig. 4 et 5, *juv.*

Cette espèce, confondue tour à tour avec l'*Ostrea Bellovacina* et l'*O. multicostata* du bassin de Paris et de plusieurs autres localités de l'Éocène inférieur, est ainsi définie par ses auteurs : « Test épais. Coquille arrondie-ovalaire. Valve gauche ornée d'environ soixante plis fins; surface d'adhérence petite; crochet 1/6; canal assez profond, 1/2; bourrelets saillants; sillons profonds se continuant dans la

---

[1] *Mém. Soc. géol. de France*, 2ᵉ sér., III, 2ᵉ part., 438; *Descript. des foss. du groupe numm. recueillis par MM. Pratt et Delbos aux environs de Bayonne et de Dax.* — L'auteur fait remarquer que l'*O. Martinü* a plus d'analogie avec les Huîtres de la formation crétacée qu'avec les Huîtres tertiaires.

valve par des points; expansion bien développée. Valve droite un peu convexe. Impression musculaire grande, au centre de la cavité postérieure. Longueur bucco-anale, 0,05; hauteur dorso-abdominale, 0,06. — Terrain à Nummulites de la Montagne-Noire (Aude). »

L'étude d'un grand nombre d'individus, la plupart bien conservés, nous a conduit à distinguer chez cette espèce plusieurs variétés que nous rattacherons au type primitif. Pour fixer plus exactement les idées, nous décrirons à nouveau ce type tel que nous le comprenons, d'après les échantillons de Tunisie, avant de signaler les variations qui en dérivent.

Coquille de grande taille, inéquivalve, d'un galbe arrondi-ovalaire assez allongé; bord inférieur arrondi, bords latéraux allongés, subégaux; sommet droit, acuminé, parfois même assez aigu. Valve supérieure aplatie, plus mince et un peu plus petite que la valve inférieure, ornée de stries concentriques lamelliformes plus ou moins irrégulières, généralement peu saillantes; valve inférieure épaisse, assez creusée surtout au voisinage du sommet, ornée d'une soixantaine de plis longitudinaux fins, rapprochés, arrondis, assez réguliers, visibles depuis le sommet jusqu'à la périphérie, interrompus par des lamelles concentriques peu saillantes, correspondant aux degrés d'accroissement du test; espaces intercostaux plus étroits que les plis et à fond un peu arrondi; crochet assez allongé, sensiblement égal au sixième de la longueur totale de la coquille, portant au centre un canal profond, bien arrondi, bordé par deux bourrelets saillants dont les bords extérieurs se prolongent tout le long de la valve inférieure sous forme de sillon ponctué, peu large, peu profond quoique nettement accusé; impression musculaire grande, semi-lunaire, un peu inférieure.

Dimensions. Longueur, 70 à 100 millimètres; largeur, 60 à 80 millimètres; épaisseur, 25 à 50 millimètres.

Variétés. A côté du type tel que nous venons de le décrire, nous instituerons les variétés suivantes :

Var. *major*. — Coquille de très grande taille, atteignant jusqu'à 250 millimètres de longueur, de forme souvent irrégulière, souvent déjetée, mais toujours caractérisée par son mode d'ornementation.

Var. *gryphoides*. — Coquille de taille moyenne, avec le sommet fortement contourné à la façon des espèces du genre *Chama*; ce mouvement est parfois tel que la torsion s'accomplit suivant un tour entier. Dans cette variété, la valve inférieure est en général très creusée, comme cuculliforme.

Var. *rotundata*. — Coquille de petite taille, d'un galbe moins allongé, plus arrondi dans son ensemble, régulièrement développé, avec les plis longitudinaux bien réguliers.

Obs. Cette belle espèce, pourtant jusqu'à présent assez mal connue, nous paraît des mieux caractérisées. Dans le jeune âge, elle est toujours arrondie, et plus elle croît, plus elle tend à s'allonger; pourtant sa variété *major* est, toutes proportions gardées, moins allongée que la variété *gryphoides* qui affecte un galbe si particulier. Son mode d'ornementation avec ses nombreux plis réguliers et rapprochés ne permet de la confondre avec aucune autre des espèces de la Tunisie.

Très commun : Djebel Teldja; marnes à phosphorites. — Versant nord du Djebel Berd près du Bir Oum-el-Djaf. — Djebel Nasser-Allah; calcaires intermédiaires aux calcaires à phosphorites et aux grès à Nummulites (var. *gryphoides*). — Midès, colline des marabouts. — Djebel Blidji, base nord. — Ras-el-Aïoun, Bled Khamensa, etc.

TABLE.

[1] Ces planches forment un fascicule sous le titre d'*Illustrations des espèces nouvelles de Mollusques fossiles des terrains tertiaires inférieurs de la Tunisie.*

Mollusques.